Windows 11の最新AI機能

Copilot（コパイロット） in Windows 登場！

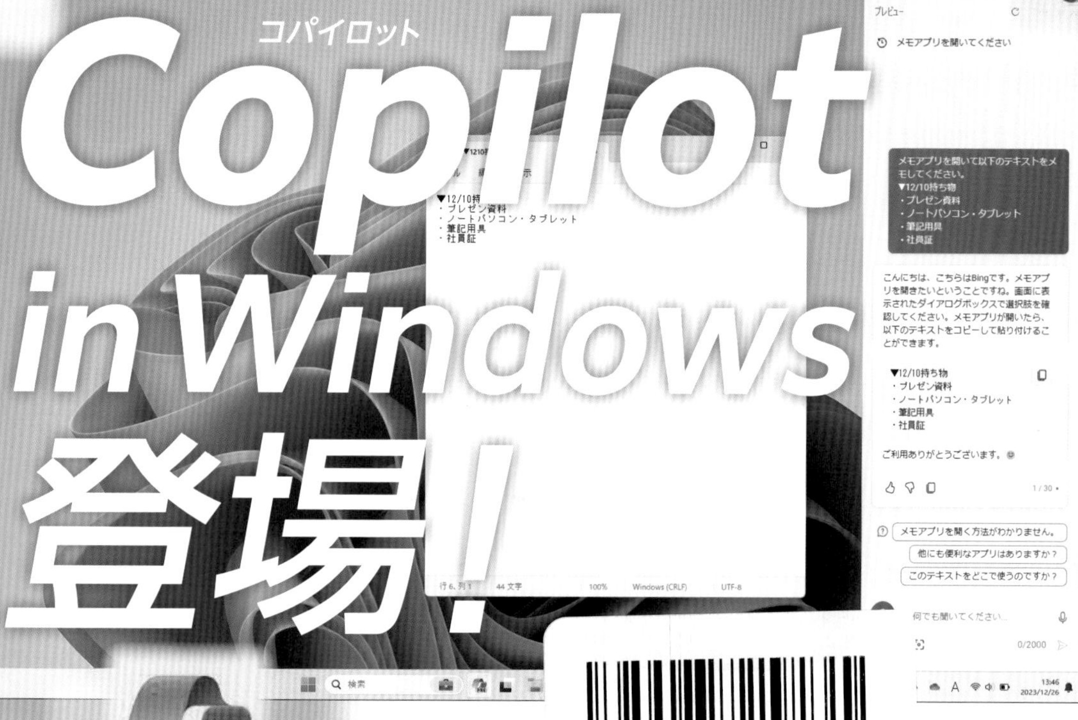

「Copilot in ……新しく搭載された対話型のAI……文章の作成や要約、パソコンの操作や設定などをチャットで行うことができます。Windows 11を最新バージョンに更新するだけで無償で利用でき、随時新しい機能がアップデートされています。

JN100086

現在、Microsoftは生成AIを使った機能を「Copilot」ブランドに統一しています。本書では、「Copilot in Windows」で使用できる機能をメインに解説しており、操作画面は、Microsoft Edgeのサイドバーからアクセスして使用する「Copilot in Edge」を使用しています。操作手順や操作画面に大きな違いはありませんが、どちらか一方のみ対応している機能もありますので使い分けて利用しましょう。

普段使いにも仕事にも役立つAIアシスタント!

Copilot(コパイロット) in Windowsの機能を各章で解説

Chapter 1

Copilotへの質問

入力フィールドにプロンプト（質問）を入力し、➤をクリックまたは Enter キーを押すとCopilotに送信され、回答が出力されます。検索機能が備わっているので、インターネット上で常に最新の情報を検出することができます。対話形式で入力したり音声入力したりといったほか、会話のスタイルを選択することも可能です。

eスポーツとは、複数の人がゲーム対戦をし、多くの人が観戦、視聴する競技を指します。海外ではゲームの種類にあわプロリーグが存在し、数億円規模の報酬を得る選手もいるなど、ビジネスの一つになっています。日本でも名前を聞くようになってきた「eスポーツ」は、市場的にも大幅に急成長を続けており、世界のeスポーツ人口も増加しています 1 2 3. この競技は、知略や戦略、プレイヤースキルなど競技性を含むため、"スポーツ"として捉えられています。eスポーツに興味を持って一緒に楽しみましょう 2 3。

詳細情報 ∨

1 globe.asahi.com　2 esports.net

3 esports-guide.jp　4 jesu.or.jp

Chapter 2

パソコンの操作や画像の生成

パソコンにインストールされている一部のアプリの起動や操作ができます。「設定アプリを起動して」「スクリーンショットを撮影して」「ウィンドウを整理して」などと入力するだけで操作が可能です。また、画像生成AIモデルを搭載しているため、イメージや内容をリクエストすることで、画像を生成してくれます。

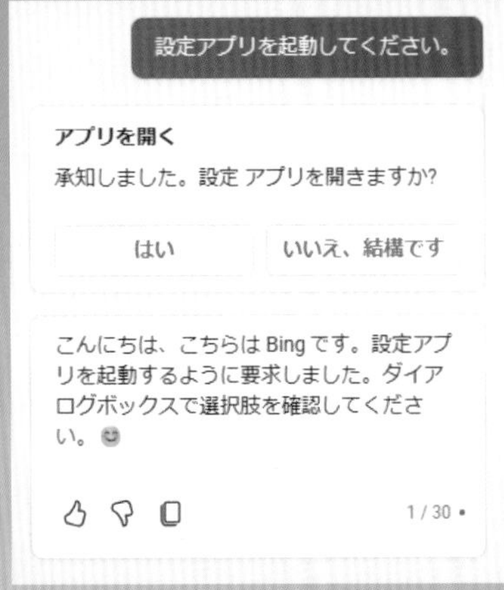

Chapter 3 文章の作成

文章を要約したり依頼どおりに書き直して編集したりすることができます。文章をチェックすることもでき、誤字脱字や表記揺れなどを手直しして書き出してくれるため、ミスが減ります。メールや書類のテンプレートも提供してくれるので多方面にわたって、さまざまな業務をサポートしてくれます。

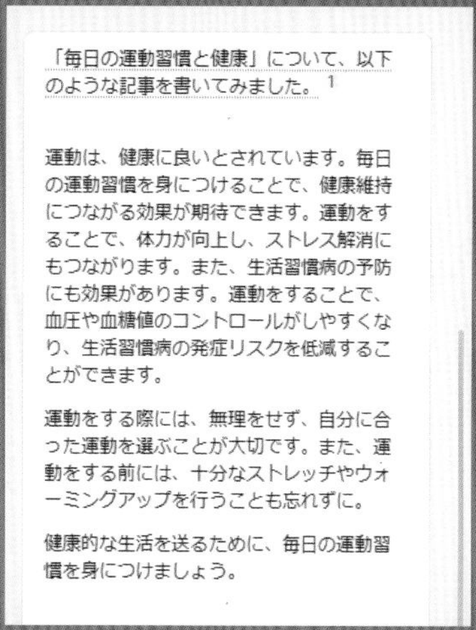

「毎日の運動習慣と健康」について、以下のような記事を書いてみました。1

運動は、健康に良いとされています。毎日の運動習慣を身につけることで、健康維持につながる効果が期待できます。運動をすることで、体力が向上し、ストレス解消にもつながります。また、生活習慣病の予防にも効果があります。運動をすることで、血圧や血糖値のコントロールがしやすくなり、生活習慣病の発症リスクを低減することができます。

運動をする際には、無理をせず、自分に合った運動を選ぶことが大切です。また、運動をする前には、十分なストレッチやウォーミングアップを行うことも忘れずに。

健康的な生活を送るために、毎日の運動習慣を身につけましょう。

Chapter 4 Excelでの活用

Excelを操作することはできませんが、Excelの表や関数、VBAの作成だけでなく、提供したデータを整理してまとめあげてくれます。もちろん、操作方法がわからない場合は、具体的に質問することで順序立てて説明してくれます。本書ではExcelを例にしていますが、WordやPowerPointなど、ほかのOfficeアプリでも対応可能です。

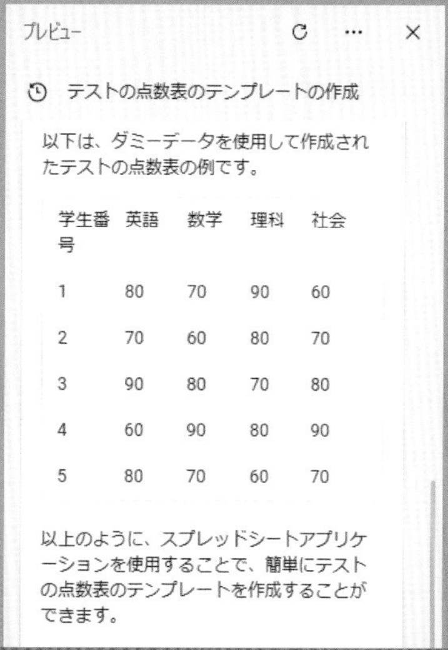

プレビュー

テストの点数表のテンプレートの作成

以下は、ダミーデータを使用して作成されたテストの点数表の例です。

学生番号	英語	数学	理科	社会
1	80	70	90	60
2	70	60	80	70
3	90	80	70	80
4	60	90	80	90
5	80	70	60	70

以上のように、スプレッドシートアプリケーションを使用することで、簡単にテストの点数表のテンプレートを作成することができます。

Chapter 5 ビジネスでの活用

企画や事業のアイデア出しや、既存案の改善点などを提案してくれるので、新しい視点やインスピレーションを得られます。また、データを提供することで、分析してまとめてくれたり代わりに情報収集してくれたりするので、タスクの生産性を高めます。少しずつ具体的に出力してほしい内容を指示することで、回答の精度が上がります。

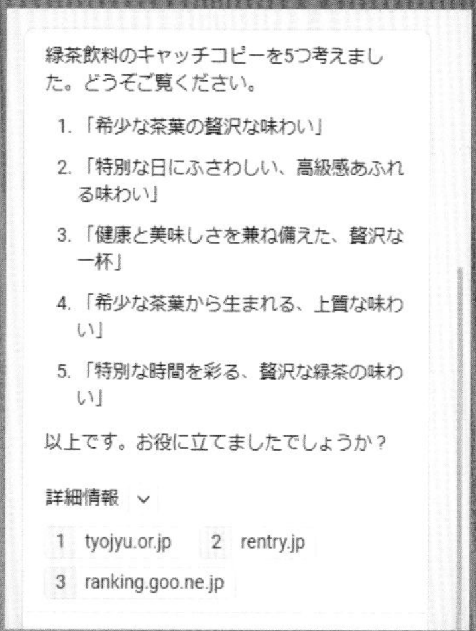

緑茶飲料のキャッチコピーを5つ考えました。どうぞご覧ください。

1. 「希少な茶葉の贅沢な味わい」
2. 「特別な日にふさわしい、高級感あふれる味わい」
3. 「健康と美味しさを兼ね備えた、贅沢な一杯」
4. 「希少な茶葉から生まれる、上質な味わい」
5. 「特別な時間を彩る、贅沢な緑茶の味わい」

以上です。お役に立てましたでしょうか？

詳細情報

1 tyojyu.or.jp　2 rentry.jp　3 ranking.goo.ne.jp

Copilot in Windows
無料で使えるAIアシスタント 100% 活用ガイド

Contents

ご注意：ご購入・ご利用の前に必ずお読みください

あなたのパソコンで動作する!?

Windows 11でCopilot in Windowsを使えるようにする方法

Copilot in Windowsを使用できるようにする条件

2023年12月1日から正式に一般公開されたCopilot in Windowsを使用するには、以下の条件を満たしている必要があります。2024年1月の時点ではWindows 10（2025年10月にサポート終了予定）およびWindows 11のデバイスで22H2または23H2のバージョンをインストールしている場合のみ提供されており、ローカルアカウントでは使用できません。

- ☑ Windowsの最新バージョンをインストールしていること（※22H2以降）
- ☑ MicrosoftアカウントでWindowsにサインインしていること
- ☑「設定」アプリのタスクバーの設定でCopilotがオンになっていること

Windows 11でCopilot in Windowsを使えるようにする

❶「設定」アプリを起動する

タスクバーの■をクリックして［設定］をクリックします。

❷バージョンを最新にする

［Windows Update］をクリックします。「最新の状態です」と表示されていない場合は、［すべてインストール］をクリックして新しいプログラムを更新します。

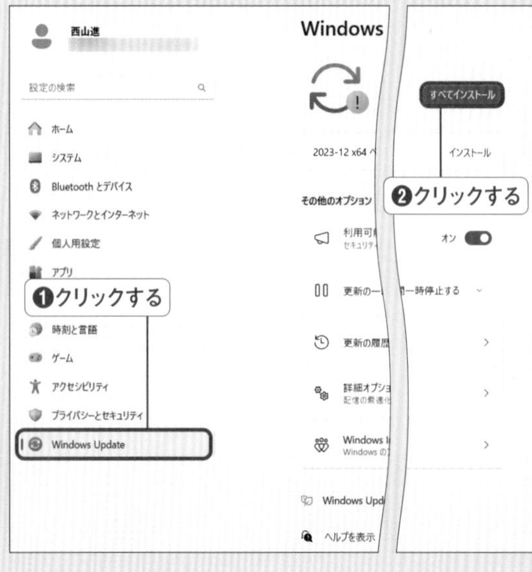

はみだし100% Windows 10では、アップデートとサインインを行い、タスクバーを右クリックして［Copilot（プレビュー）の表示ボタン］にチェックを付けると使用できるようになります。

❸ バージョンを確認する

手順❷の画面で［更新の履歴］をクリックすると、更新したプログラムの履歴が表示されます。「22H2」以降のバージョンになっているか確認します。

❹ Microsoftアカウントに切り替える

［アカウント］→［ユーザーの情報］の順にクリックします。

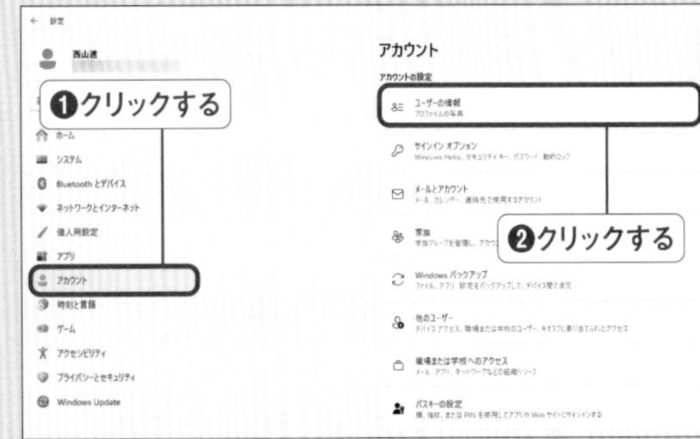

❺ サインインする

「アカウントの設定」の［Microsoftアカウントでのサインインに切り替える］をクリックします。

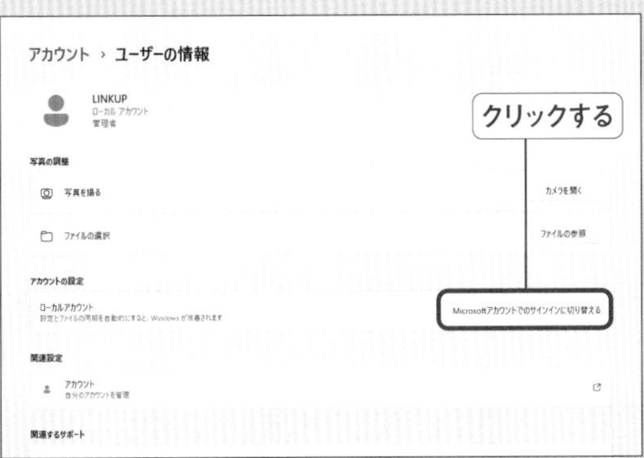

❻ パスワードやPINを設定する

画面の指示に従ってパスワードを入力し、［次へ］をクリックしてMicrosoftアカウントにサインインします。

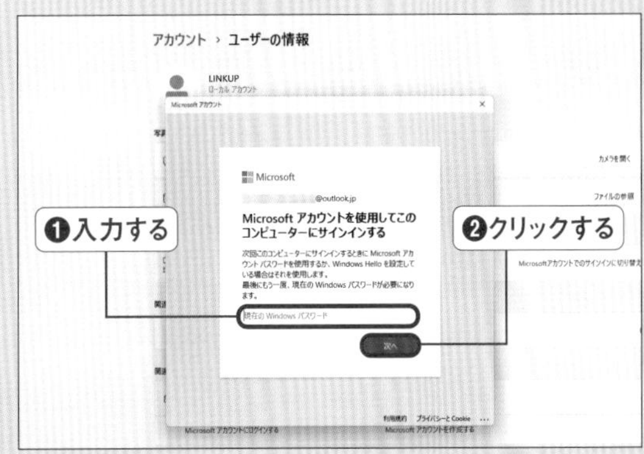

❼ タスクバーを設定する

［個人用設定］→［タスクバー］の順にクリックします。

❽ Copilotをオンにする

「Copilot（プレビュー）」がオンになっているかを確認します。オフの場合は、●をクリックしてオンにするとタスクバーに表示されます。

はみだし100% 環境によっては、条件を満たしてもCopilot in Windowsが使用できないことがあります。その場合は、使えるようになるまでCopilot in Edgeを使用してください（P.9参照）。

アカウント登録もダウンロードも必要なし!

パソコンでCopilotを起動する方法

Copilot in WindowsとCopilot in Edgeの違い

本書では、「Copilot in Windows」と「Copilot in Edge」を使用してCopilotの活用方法を解説しています。どちらもAIを搭載し、Webの検索機能を使った回答、文章の要約、コンテンツの生成などが行えるツールです。ビジネス面においても、日常的な場面においても、あらゆる場面で活躍します。
Copilot in Windowsは、Windowsのタスクバーからアクセスして使用します。チャット形式で質問や回答をくり返し行えます。文章の作成や画像の生成のほか、Windowsの設定やアプリの起動ができるのが大きな特徴です。
一方Copilot in Edgeは、「チャット」タブや「作成」タブといった独自の機能があり、文章執筆専門のツールがあるのが1つの強みです。Copilot in Windowsと同様に画像の生成やWebページの要約などができます。Windowsの設定や操作ができない代わりにMicrosoft Edgeの設定を変更することが可能です。
なお、Copilot in Windowsは、本書執筆時点では未だプレビュー版であるため、動作に問題が起こったり不具合が発生したりする場合があります。そのようなときは、再起動したり最新の状態に更新したりして対処する必要があります。使用できない場合や問題が解決しない場合は、Copilot in Edgeを使用しましょう。

Copilot in Windowsを起動する

1 をクリックする

タスクバーのをクリックまたは⊞+Cを押します。

2 Copilot in Windowsを起動する

Copilot in Windowsがデスクトップ画面右側に表示されます。

はみだし100% 同じMicrosoftアカウントでサインインしていれば、Copilot in WindowsとCopilot in Edgeとの間でデータが同期されるので、どちらでも利用できるようにしておくと便利です。

Copilot in Edgeを起動する

❶ Microsoft Edgeを起動する

タスクバーの をクリックします。

❷ Copilot in Edgeを起動する

 をクリックまたは Ctrl ＋ Shift ＋ . を押すとCopilot in EdgeがMicrosoft Edgeの右側に表示されます。

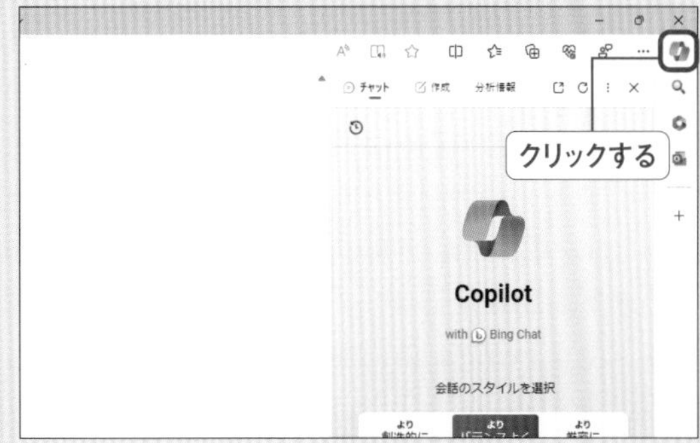

❸「設定」画面を開く

…→［設定］の順にクリックします。

❹［プロファイル］をクリックする

［プロファイル］をクリックし、「アカウントを選ぶ」のアカウントをクリックします。

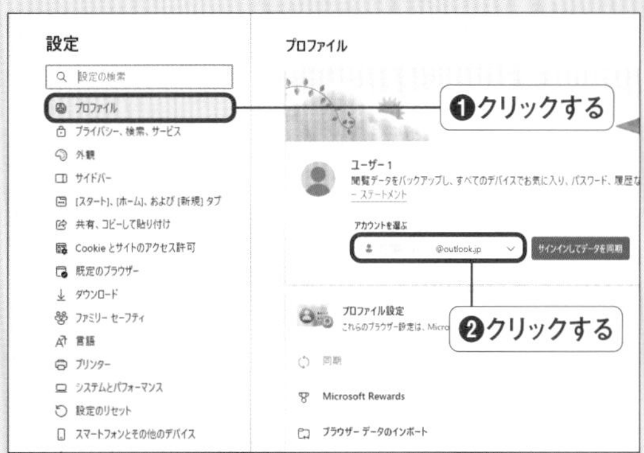

❺ Microsoft Edgeにサインインする

取得済みのMicrosoftアカウントが表示されるので、Windowsでサインインしているアカウントをクリックして選択し、［サインインしてデータを同期］をクリックします。

❻ Microsoftアカウントのデータが同期される

Microsoft Edgeにサインインされ、データが同期されます。

はみだし100% すでにMicrosoft Edgeにサインインしている場合は、手順❹の画面でアカウントが表示されているので、以降の操作を行う必要はありません。

Copilotシリーズと ChatGPTの違いを知ろう!

～対話型AIアシスタントの特徴を比較～

MicrosoftのCopilotには、本書で紹介する「Copilot in Windows」「Copilot in Edge」のほか、Microsoft 365(Officeソフト)上で利用できる「Copilot for Microsoft 365」があります。名称が似ていても利用できる機能や対象が異なるので、以下の表で違いを確認しておきましょう。

また、同じ対話型AIアシスタントとして有名な「ChatGPT」との比較も載せておきます。ChatGPTはOpenAIが提供する対話型AIアシスタントです。無料版ではGPT-3.5、有料版ではGPT-4という自然言語処理モデルが使用されており、得られる情報はある一定の時期までのものとなっています。

MicrosoftのCopilotはOpenAIのGPT-4をベースに開発されているため、ChatGPTの有料版に相当する自然言語処理モデルを使えるほか、最新の情報を検索した結果が得られる点や画像の生成が行える点がメリットです。まだ機能的に不完全なところはありますが、今後はビジネスや日常の場面で幅広く活用されていくでしょう。

	Copilot in Windows	Copilot in Edge	Copilot for Microsoft 365	ChatGPT(無料版)
特徴	Windows 11／10のデスクトップで利用	Microsoft Edgeのサイドバーで利用	Microsoft 365の各アプリ上で利用	Webブラウザやスマートフォンアプリから利用
自然言語処理モデル	GPT-4	GPT-4	GPT-4	GPT-3.5(有料版はGPT-4)
一般的な質問の回答	○	○	○	○
Web検索による最新の情報の回答	○	○	○	－
Webページの要約	○	○	○	－
文章の作成・編集	○	○	○	○
文章の要約・翻訳	○	○	○	○
画像の認識	○	○	○	－
画像の生成	○	○	○	－
パソコンの操作	○	－	－	－
プログラムコードの作成	○	○	○	○
利用料金	無料	無料	有料	無料(有料版もあり)
その他	本書執筆時点ではプレビュー版。利用にはWindowsのアップデートが必要。Windows 10ではパソコンの操作など一部の機能は利用不可	「パソコンの操作」ができないこと以外は見た目も機能もCopilot in Windowsとほぼ同じ。ファイルのダウンロード機能がある	Microsoft 365を契約している法人向けに提供。ユーザー1人当たり月額30ドル。有料プランのCopilot Proでも一部機能が利用可能	有料版(月額20ドル)のChatGPT PlusではWeb検索による最新の情報の回答、Webページの要約、画像の認識・生成に対応

※2024年1月の時点での情報です。環境によってはサービスの内容が異なる場合があります。また、無料版のCopilotでは使用量のピーク時にGPT-3.5の利用に制限される場合があります。

Chapter 1

Copilotの 基本操作を知ろう

Section 01

Copilot in Windowsの画面構成を確認しよう

Copilot in Windowsのプロンプト入力前の画面構成

Copilot in Windowsを起動すると、以下のチャット画面が表示されます。この画面で、プロンプトの入力をします。

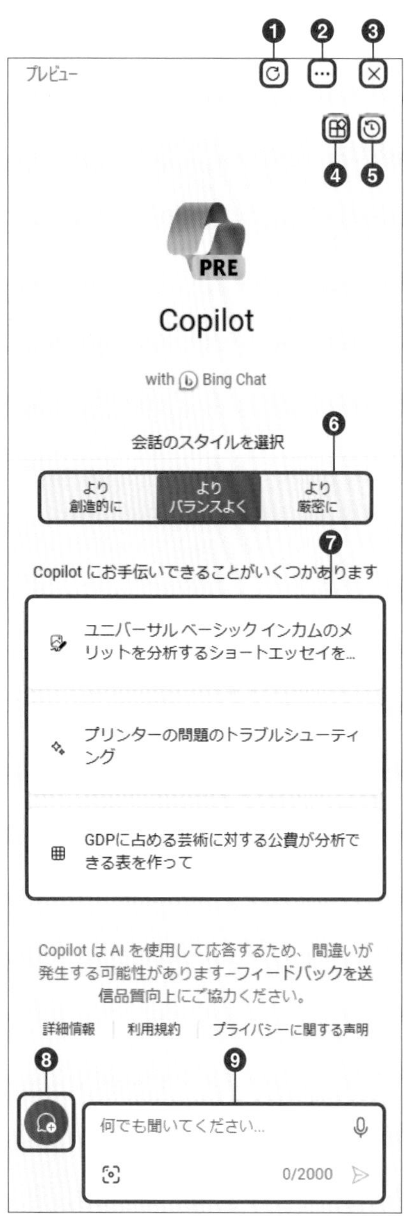

❶最新の情報に更新	最新の情報に更新されチャット画面に戻ります。
❷その他のオプション	設定画面を表示したりフィードバックを送信したりできます。
❸閉じる	Copilot in Windowsを閉じます。
❹プラグイン	検索機能のオン／オフを切り替えられます。オンにすると、ニュース、マルチメディア、ショッピングなど、Webの機能を使用して検索を強化します。
❺最新のアクティビティ	過去のチャットの履歴が一覧で表示されます。チャット名を編集したり削除したりできます。
❻会話のスタイル	チャットをはじめる前に、「より創造的に」「よりバランスよく」「より厳密に」の3種類から会話のスタイルを選択できます。
❼プロンプトの例	プロンプトの例が表示されています。クリックすると、P.13の画面に切り替わり、回答が出力されます。
❽新しいトピック	新しいチャットルームを作成できます。表示されていない場合は、その付近をクリックすると表示されます。
❾何でも聞いてください	テキストや画像を入力するフィールドです。クリックしてプロンプトを入力し、＞をクリックまたはEnterキーを押すと、送信されます(P.13参照)。

はみだし100%　「Copilot in Windows」は、タスクバーにあるCopilotのアイコンをクリックしなくても⊞＋Cのショートカットで起動／終了できます。

Copilot in Windowsのプロンプト入力後の画面構成

プロンプトを入力して > をクリックまたは Enter キーを押して送信すると、以下のような画面が表示されます。プロンプトとプロンプトに対する回答の出力が表示され、チャット名が自動で作成されて表示されます。

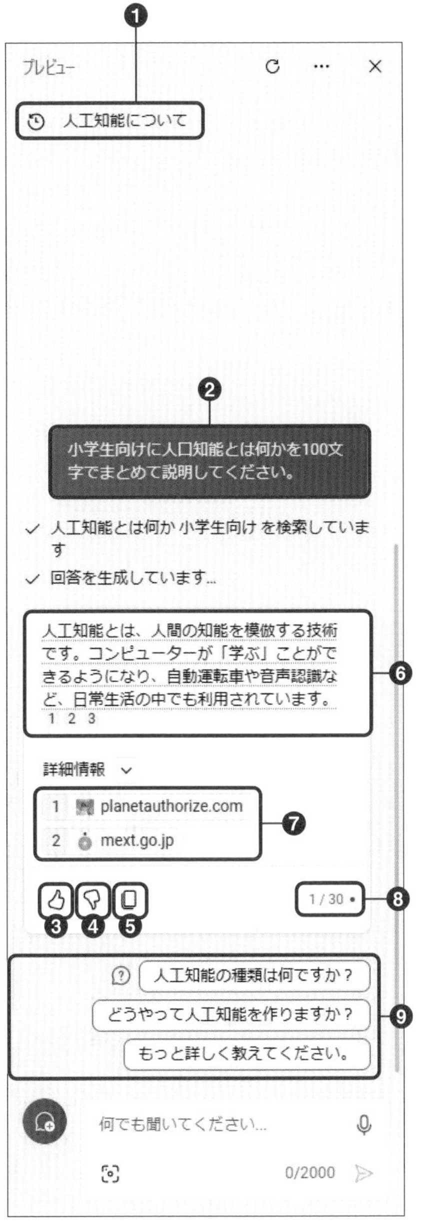

❶チャット名	チャットでいちばん最初に入力した内容に関連したチャット名が自動で作成されます。
❷プロンプト	入力フィールドに入力して送信した内容が表示されます。マウスカーソルを合わせて［コピー］をクリックすると、内容がコピーされます。
❸いいね!	クリックすると、回答に「いいね!」アイコンが表示され、評価できます。再度クリックすると削除されます。
❹低く評価	クリックすると、回答に「低く評価」アイコンが表示され、評価できます。再度クリックすると削除されます。
❺コピー	クリックすると、回答内容をコピーできます。
❻出力	送信されたプロンプトの下に、Copilotから出力された回答が表示されます。表示には時間がかかる場合があります。
❼詳細情報	回答の情報元となるリンクが表示されます。クリックするとリンク先のサイトが表示されます。
❽回答数	1つのチャットルームで出力された回答数が表示されます。
❾プロンプトの例	出力された回答の下に質問に関連した内容の質問が自動で作成され、表示されます。クリックすると送信されるので回答を得られます。

はみだし100% Microsoftアカウントでサインインしている場合、1つのチャットルームで出力できる回答は最大30までです。30に到達したら、新しいチャットルームを作成しましょう（P.18参照）。

Copilot in Edgeの画面構成を確認しよう

Copilot in Edgeのプロンプト入力前の画面構成

Copilot in Edgeを起動すると、以下のチャット画面が起動します。この画面で、プロンプトの入力や出力された内容を閲覧します。

❶チャット	左のチャット画面が表示されます。
❷作成	執筆分野、トーン、形式などを選択して、文章を作成できます。
❸分析情報	現在開いているWebページに関する情報が表示されます。
❹新しいタブでリンクを開く	新しいタブが起動し、Web用のCopilotが表示されます。
❺最新の情報に更新	最新の情報に更新されチャット画面に戻ります。
❻その他のオプション	フィードバックを送信したり通知とアプリの設定画面を表示したりできます。
❼［Copilot］ペインを閉じる	Copilot in Edgeを閉じます。
❽プラグイン	検索機能のオン／オフを切り替えられます。オンにすると、ニュース、マルチメディア、ショッピングなど、Webの機能を使用して検索を強化します。
❾最新のアクティビティ	過去のチャットの履歴が一覧で表示されます。チャット名を編集したり削除したりできます。
❿会話のスタイル	チャットをはじめる前に、「より創造的に」「よりバランスよく」「より厳密に」の3種類から会話のスタイルを選択できます。
⓫プロンプトの例	プロンプトの例が表示されています。クリックすると、プロンプトが送信されます。
⓬新しいトピック	新しいチャットルームを作成できます。表示されていない場合は、その付近をクリックすると表示されます。
⓭何でも聞いてください	テキストや画像を入力するフィールドです。クリックしてプロンプトを入力し、＞をクリックまたは Enter キーを押すと、送信されます（P.15参照）。

はみだし100%　「Copilot in Edge」は、Microsoft EdgeのブラウザにあるCopilotのアイコンをクリックしなくても Ctrl ＋ Shift ＋ . のショートカットで起動／終了できます。

Copilot in Edgeのプロンプト入力後の画面構成

プロンプトを入力して > をクリックまたは Enter キーを押して送信すると、プロンプトとプロンプトに対する回答が出力され、チャット名が自動で作成されて表示されます。

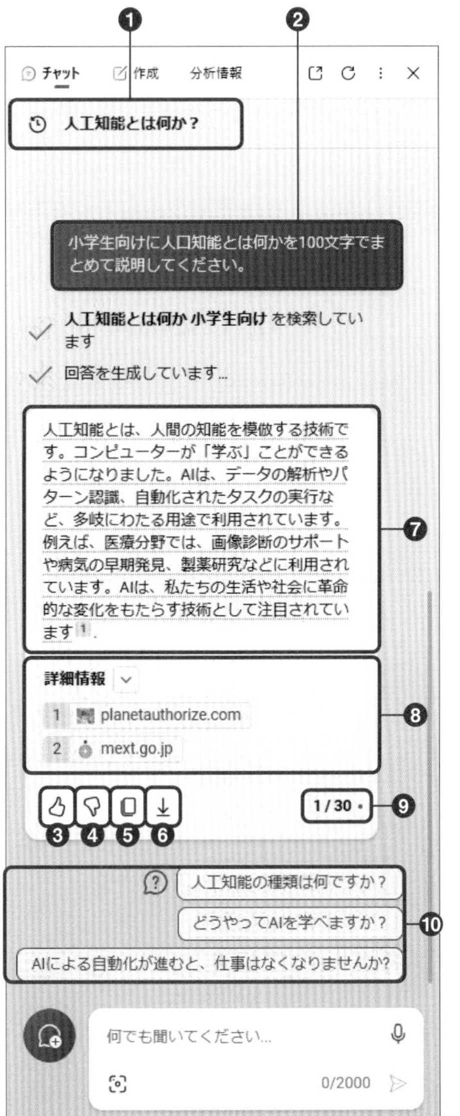

❶チャット名	チャットでいちばん最初に入力した内容に関連したチャット名が自動で作成されます。
❷プロンプト	入力フィールドに入力して送信した内容が表示されます。マウスカーソルを合わせて［コピー］をクリックすると、内容がコピーされます。
❸いいね!	クリックすると、回答に「いいね!」アイコンが表示され、評価できます。再度クリックすると削除されます。
❹低く評価	クリックすると、回答に「低く評価」アイコンが表示され、評価できます。再度クリックすると削除されます。
❺コピー	クリックすると、回答内容をコピーできます。
❻エクスポート	クリックすると「Word」「PDF」「Text」が表示され、選択した形式でファイルとしてダウンロードすることができます。
❼出力	送信されたプロンプトの下に、Copilotから出力された回答が表示されます。表示には時間がかかる場合があります。
❽詳細情報	回答の情報元となるリンクが表示されます。クリックするとリンク先のサイトが表示されます。
❾回答数	1つのチャットルームで出力された回答数が表示されます。
❿プロンプトの例	出力された回答の下に質問に関連した内容の質問が自動で作成され、表示されます。クリックすると送信されるので回答を得られます。

MEMO

Copilot in WindowsとCopilot in Edgeの見た目や機能はほぼ同じなので、どちらを使用しても大差はありません。Copilot in Edgeでは、文章作成用の「作成」タブがあるのと（P.47参照）、回答内容のファイルエクスポート機能（上記の❻参照）があるのが大きな違いです。また、P.24～31で紹介しているようなパソコンの操作が行えません。

はみだし100%　本書では、Copilot in Windowsと区別するためにMicrosoft EdgeのサイドバーでR利用できるCopilotを「Copilot in Edge」と表記しています。

Section 03

Copilotに質問してみよう

Copilotに質問する

Copilotを起動し、ホーム画面下部の「何でも聞いてください」と表示されている入力フィールドをクリックします。プロンプト（質問）を入力し、➤をクリックまたはEnterキーを押すと、入力した内容が送信されます。

質問

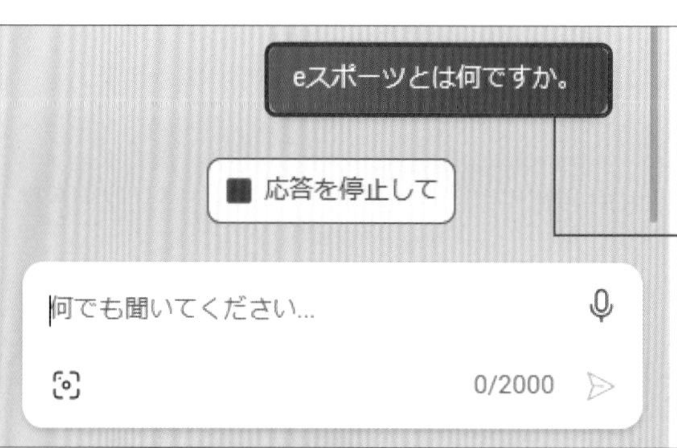

文章作成の依頼やリサーチしたい内容などを入力します。

プロンプトが送信されます。

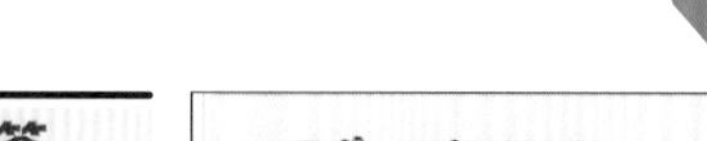

回答

eスポーツについて

eスポーツとは、複数の人がゲーム対戦をし、多くの人が観戦、視聴する競技を指します。海外ではゲームの種類にあわプロリーグが存在し、数億円規模の報酬を得る選手もいるなど、ビジネスの一つになっています。日本でも名前を聞くようになってきた「eスポーツ」は、市場的にも大幅に急成長を続けており、世界のeスポーツ人口も増加しています 1 2 3. この競技は、知略や戦略、プレイヤースキルなど競技性を含むため、"スポーツ"として捉えられています。eスポーツに興味を持って一緒に楽しみましょう 2 3。

どのようなゲームがeスポーツに含まれますか？

日本で有名なeスポーツチームはありますか？

プロ選手とアマチュア選手の違いは何ですか?

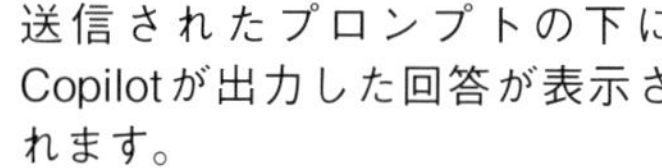

送信されたプロンプトの下にCopilotが出力した回答が表示されます。

プロンプトに対する回答が出力されます。

はみだし100%　入力フィールドに入力できるテキストは、最大2,000文字もしくは4,000文字です（P.17参照）。長文のテキストなどを貼り付けたい場合は、分割して入力しましょう。

回答の会話スタイルを変更する

Copilotには3種類の会話のスタイルがあります。「より創造的に」は長くて説明的な回答を、「より厳密に」は短くて検索に重点を置いた回答を、「よりバランスよく」はその中間的な回答を提供します。また、それぞれ背景の色と入力できる文字数が異なり、「よりバランスよく」が2,000文字で、それ以外は4,000文字となっています。ふだんは、「よりバランスよく」を使用すればよいでしょう。なお、会話のスタイルを変更するとそれまでの会話がクリアされ、新しいチャットルームが作成されます。

より創造的に

よりバランスよく

より厳密に

音声入力で質問する

Copilotでは、音声入力で質問できます。🎙をクリックし、マイクに向かって話すと回答が作成されます。

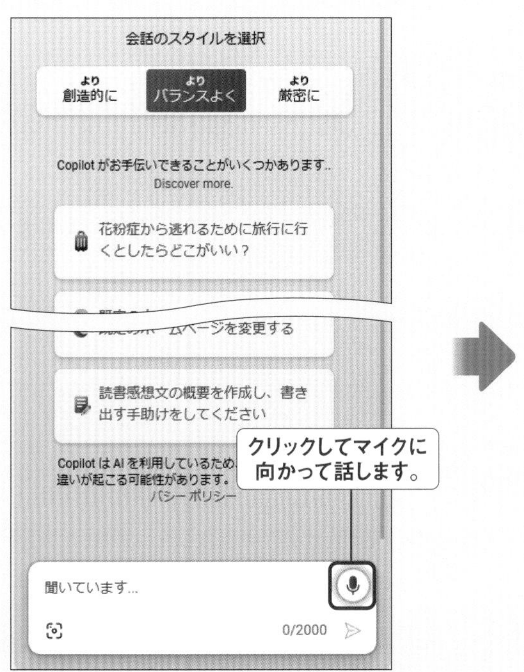

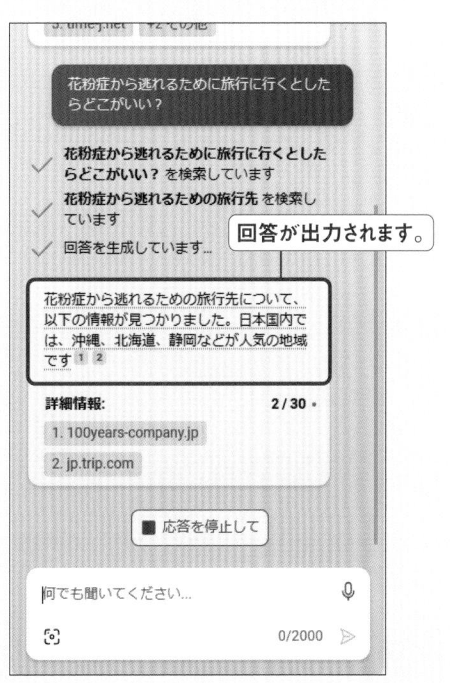

はみだし100% P.17下の画面で、マイクに向かって話している最中に再度🎙をクリックすると、音声の聞き取りが停止されます。

応答を停止する

回答の出力中に［応答を停止して］をクリックすると、回答の作成を途中で停止することができます。

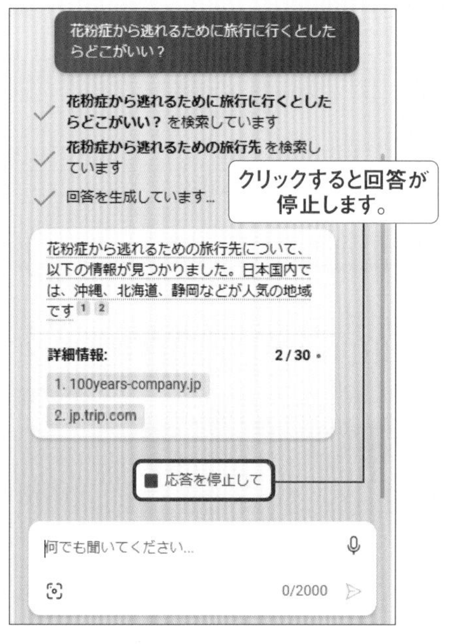

チャットの履歴を表示する

過去のチャットは保存されています。をクリックするとチャットルームの履歴が一覧で表示されます。

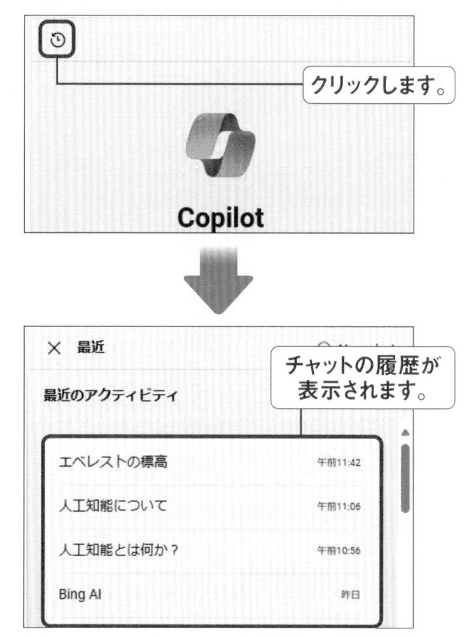

新しいチャットに切り替える

質問の話題が変わる場合は、新しいチャットルームを作成しましょう。

質問の候補をクリックする

回答が作成されると、内容に関連した次の質問の候補が表示されます。

はみだし100%　P.18左上の画面で回答を停止した場合や回答が突然止まってしまった場合は、「続けて」と入力すると、回答の続きが作成されます。

プロンプト入力のコツを知ろう

質問内容を具体的にする

できるだけ具体的に質問すると、意図に沿った回答を得られやすくなります。

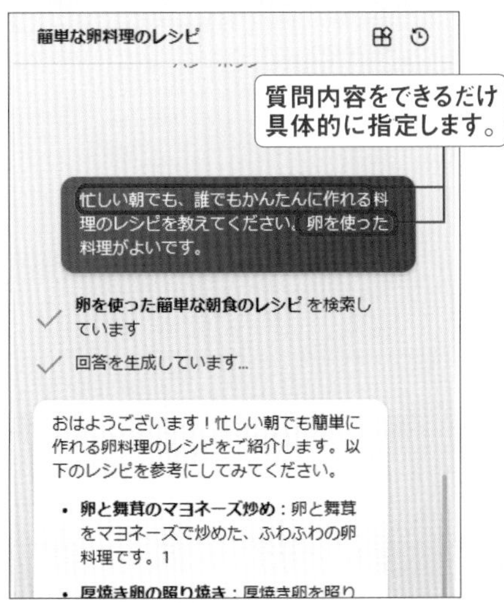

回答条件の範囲を絞る

回答の条件を指定することで、回答の範囲を狭めることができます。

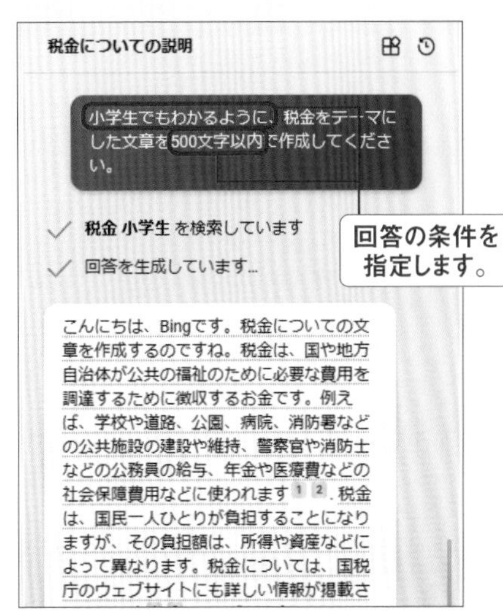

たくさんの回答をもらう

出力してほしい回答や例の数などを多く指定すると、さまざまな視点からの回答を得ることができます。

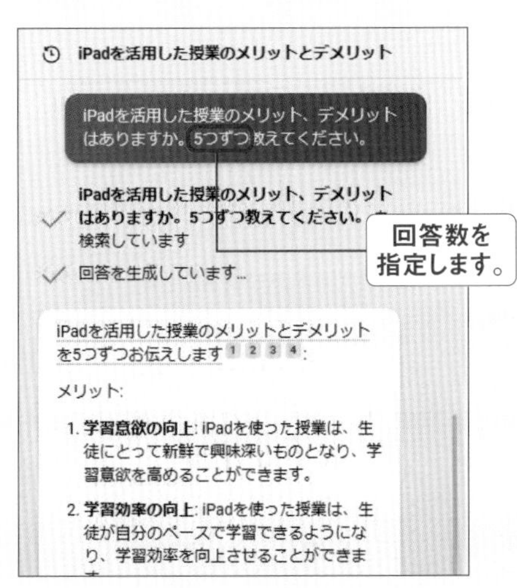

条件をたくさん入力する

指定したい条件がたくさんある場合は、それらの条件を箇条書きにして入力すると、回答の精度が上がります。

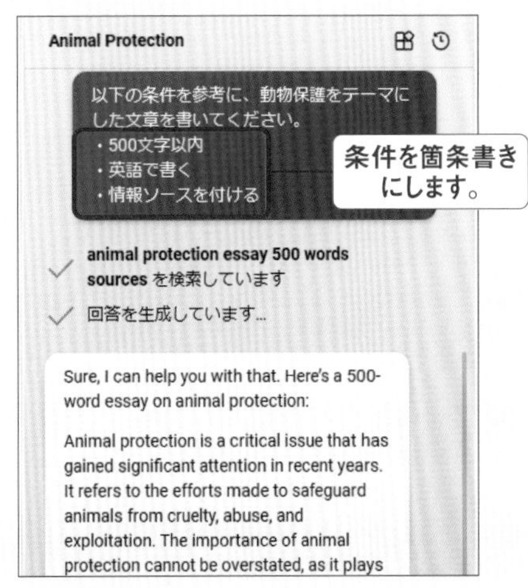

はみだし100% P.19右下の画面のように文章の途中で改行するには、Shiftキーを押しながらEnterキーを押す必要があります。

回答をさらに詳しく聞いてみる

入力と出力を途絶えさせることなく、立て続けに質問することで、回答を深堀りできます。

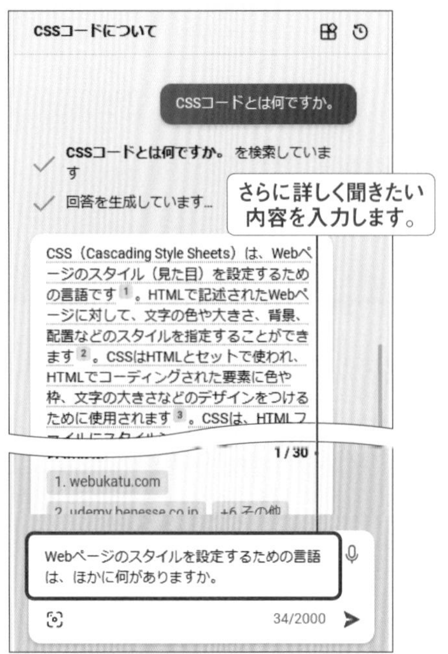

回答に対して質問する

回答に対して、単語の意味や修正方法などを質問すると理解が深まります。

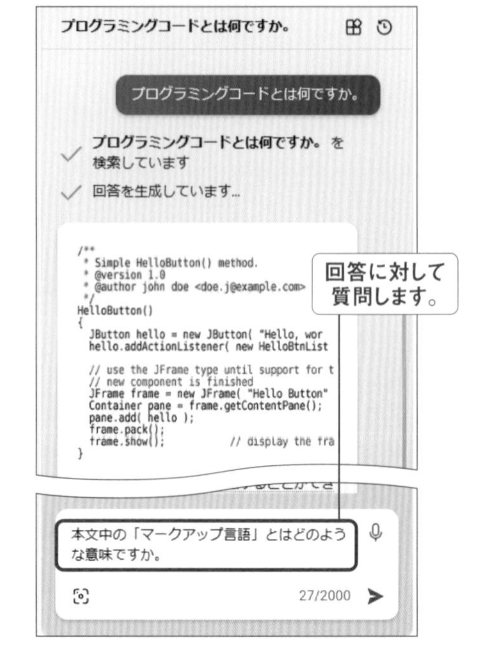

別の回答を聞いてみる

出力された回答内容が気に入らない場合や、意図に沿わない場合は、「○○と○○を比較して」「もっとかんたんにして」などと条件を指定すると、書き直してもらえます。

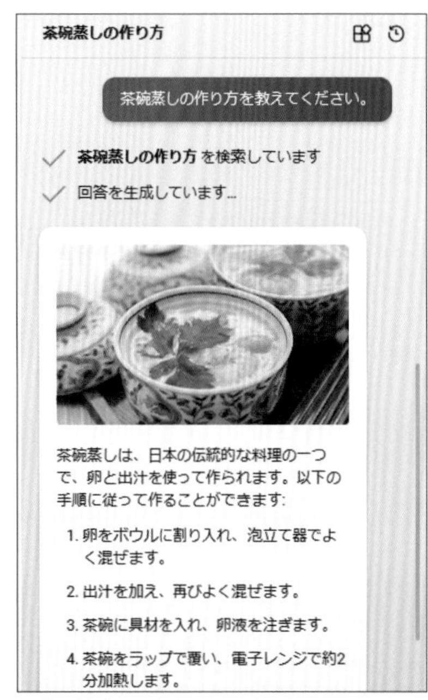

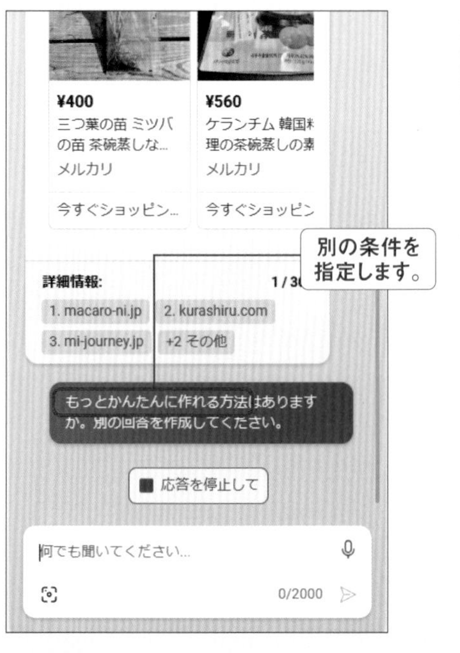

はみだし100% Copilotはチャットルーム内の会話を記憶していますが、たまに意図に沿わない回答が続くことがあります。そのような場合は、新しいチャットルームに切り替えましょう（P.18参照）。

ステップバイステップで回答してもらう

「ステップバイステップで説明して」と入力すると、回答内容を段階的に解説してくれます。

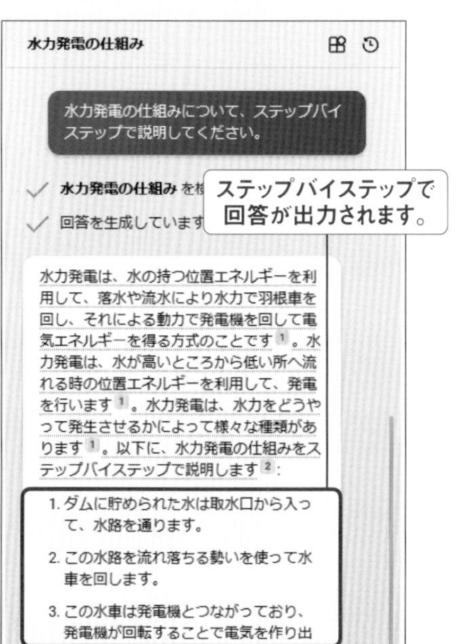

役割を与えて回答してもらう

職種や特定の人物、シチュエーションなどを入力すると、その人物の役割に合った回答が出力されます。

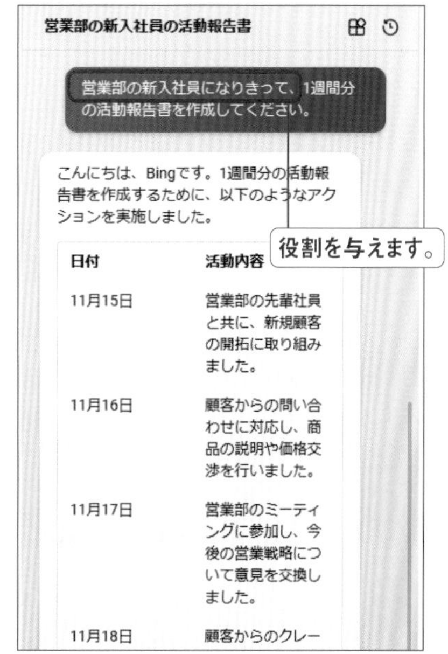

分割して質問する

プロンプトは、一度にまとめて入力するよりも、複数に分割して順を追って質問をしていったほうが、希望の回答が出力されやすくなります。

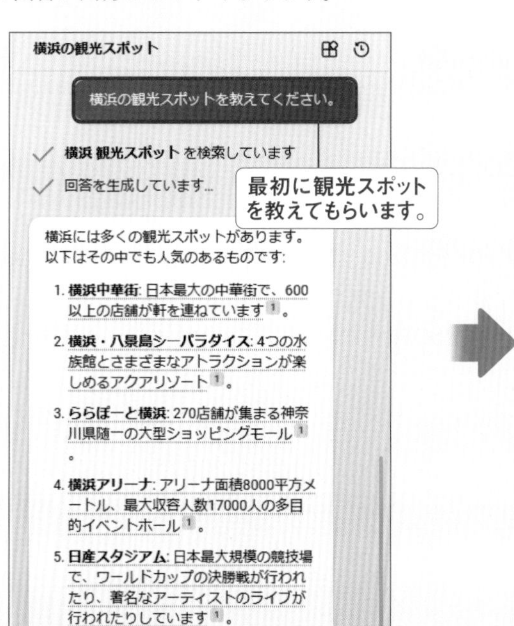

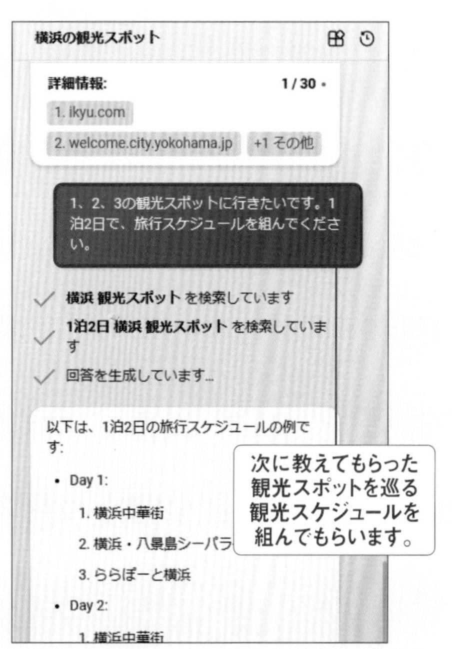

はみだし100% 入力フィールドにテキストを入力すると、入力候補が表示される場合があります。Tab キーを押すと、表示された候補が入力されます。

Copilotを使用する際の注意点とセキュリティ

Copilotは、Microsoftが提供するサービスです。コンテンツを利用するにあたっては、Microsoftが提示する利用規約や行動規範などが適用されます。

プライバシーとセキュリティ

Copilotにプロンプトを入力する際は、暴力的で不適切な内容はもちろんのこと、個人が特定されるような内容や企業の機密情報などの入力は控えてください。また、偽情報や他人への嫌がらせ、プライバシーの侵害などを目的として、個人、組織、社会などに害を及ぼすコンテンツを作成したり共有したりすることは、禁止されています。

「Microsoftプライバシーステートメント」(https://privacy.microsoft.com/ja-jp/privacystatement)

コンテンツの所有権

Microsoftは、ユーザーがCopilotに入力した内容と出力された文章や画像などの創作物の所有権はユーザーにあるとしており、ユーザーは出力されたものを自由に使用することができます。また、Copilotには著作権侵害の可能性があるコンテンツの生成をしないようにするためのフィルターが設けられていますが、予期しないコンテンツが生成される可能性もあります。発見した場合は、フィードバックを送信して品質向上に努めましょう。

コンテンツの信憑性

Copilotの回答はインターネット上の情報を用いて生成されているため、意図したとおりに動作しなかったり不正確な情報を提供したりする場合があります。そのため、出力されたコンテンツを取り扱う際は、必ず情報を確認して自己責任のもとで利用する必要があります。

はみだし100% 「利用規約」や「プライバシーポリシー」は、随時情報が更新されています。定期的に確認することで、違反行為を防ぐことができます。

Chapter 2

パソコンを操作・連携しよう

Copilot in Windowsでパソコンの操作をしてみよう

「設定」アプリを起動する

Copilot in Windowsでは、パソコンのアプリを起動することができます。なお、Copilot in EdgeやWindows 10ではパソコンの操作を行うことはできません。

指示

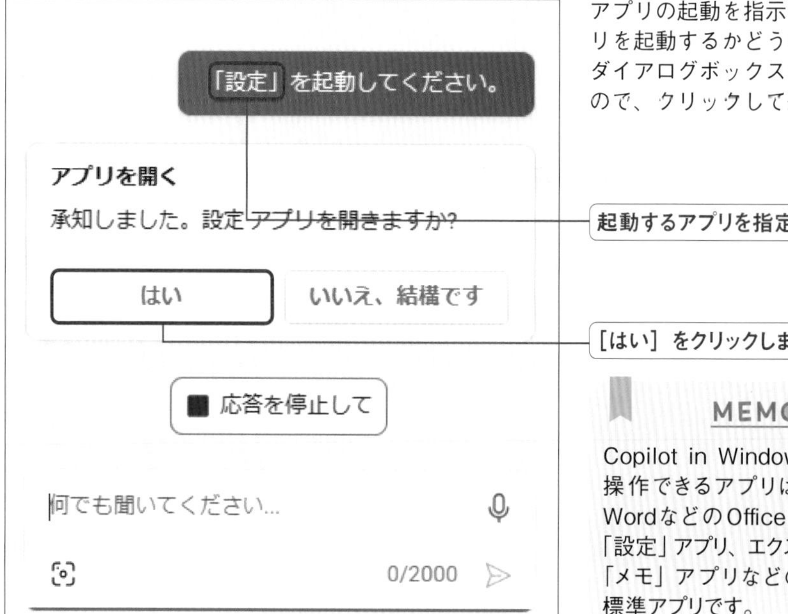

アプリの起動を指示すると、アプリを起動するかどうかを確認するダイアログボックスが表示されるので、クリックして選択します。

MEMO

Copilot in Windowsで起動・操作できるアプリは、ExcelやWordなどのOffice系アプリや「設定」アプリ、エクスプローラー、「メモ」アプリなどのWindows標準アプリです。

回答

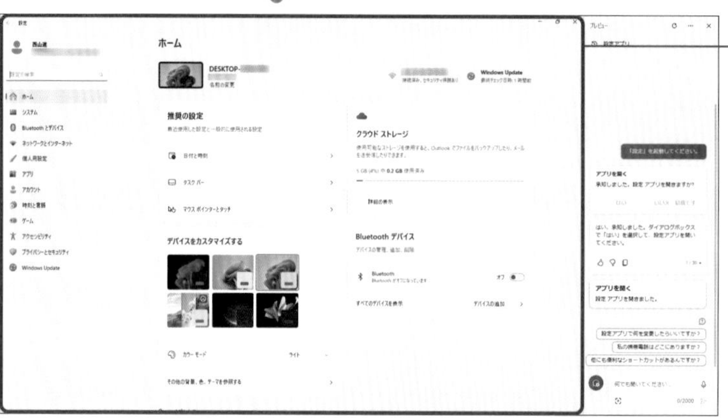

パソコンの画面左側に「設定」アプリの画面が表示されます。実行したい内容があれば、このあとに入力して教えてもらいましょう。

はみだし100% Copilot in Edgeでアプリの起動を指示すると、「設定アプリを開く方法についてお伝えします」のように回答され、パソコンで「設定」アプリを起動する手順を教えてくれます。

スクリーンショットを撮ってもらおう

スクリーンショットを撮る

Copilot in Windowsでは、スクリーンショットを撮影する際にSnipping Toolを起動してくれます。Copilot in Edgeでは、スクリーンショットの撮影方法が回答として出力されます。

指示

スクリーンショットの撮影を指示すると、Snipping Toolが起動します。

スクリーンショットしてほしいことを入力します。

回答

Snipping Toolが起動します。

Snipping Toolが起動します。撮影したい範囲をクリックするとスクリーンショットが撮影されます。

はみだし100% スクリーンショットは、「ピクチャー」フォルダーの「スクリーンショット」フォルダーに保存されます。また、クリップボードにもコピーされているので、ほかのアプリでペーストできます。

ウィンドウを整理してもらおう

ウィンドウを整理する

パソコン画面上のウィンドウの配置を移動したり整理したりする際にはスナップ機能が便利です。ウィンドウをそれぞれの場所に合わせたサイズで表示してくれます。

指示

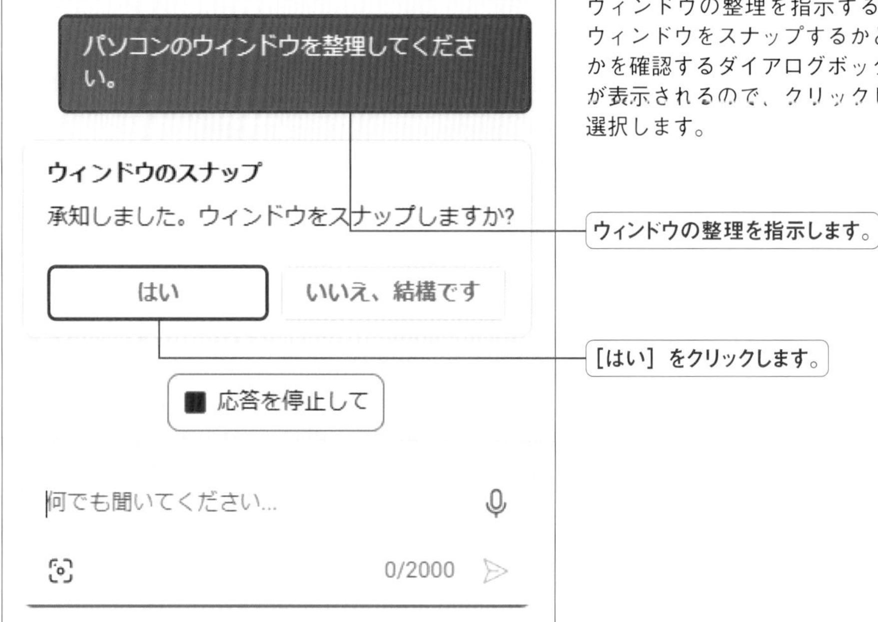

ウィンドウの整理を指示すると、ウィンドウをスナップするかどうかを確認するダイアログボックスが表示されるので、クリックして選択します。

ウィンドウの整理を指示します。

［はい］をクリックします。

回答

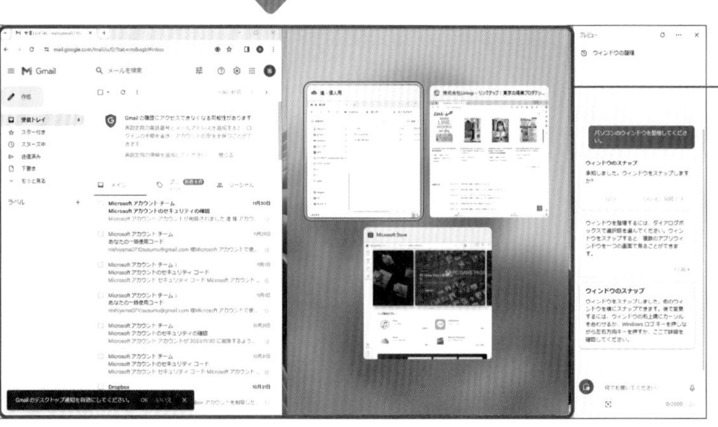

スナップ機能が表示されます。

画面が分割されます。キーボードの矢印キーやマウスで各ウィンドウを選択し好きな場所に配置していくことで、デスクトップ上を整理することができます。

はみだし100% ⊞+←/↑/↓/→のショートカットキーでも、スナップ機能を表示してウィンドウを任意の場所に移動させることができます。

パソコンの操作方法を教えてもらおう

パソコンの便利な技を教えてもらう

パソコンで実行できる便利な技をCopilotで調べることができます。

パソコンでの作業効率を上げる裏技

パソコンでの作業効率を上げる裏 さんありますが、ここではいくつ 紹介します。

例が箇条書きで
出力されます。

- ショートカットキーを利用する
  - キーボードだけでパソコンを操作することで、マウスを使うよりも早く作業できます。例えば、Ctrl + C でコピー、Ctrl + V で貼り付け、Ctrl + Z で元に戻すなどのショートカットキーはよく使われます。他にも、Alt + Tab で画面を切り替えたり、Ctrl + F で検索したり、Ctrl + L でURL欄に移動したりすることができます。ショートカットキーの一覧はこちらを参照してください。
- よく使うフォルダやアプリにショートカットキーを割り当てる
  - よく使うフォルダやアプリを開くと

パソコンのエラーを調べてもらう

表示されたエラーメッセージやエラーコードについて質問すると、そのエラーの意味と対処法を教えてくれます。

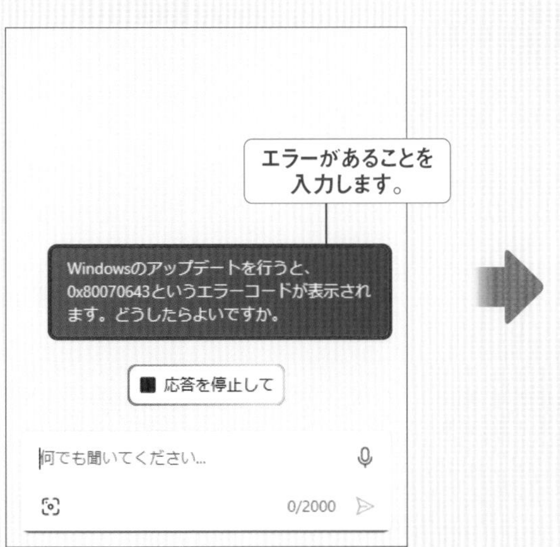

こんにちは。これはBingです。Windowsのアップデートに関する質問をありがとうございます。エラーコード0x Windowsアップデートが失 示されるエラーメッセージ ーの原因は、ウイルス対策プログラムやハードディスクの問題などが考えられます。1

エラーの解決方法が
出力されます。

このエラーを解決するには、以下の方法を試してみてください。

- ウイルス対策プログラムを一時的に停止するか、アンインストールする。2
- Windows Defenderを手動でアップデートする。3
- ハードディスクの状態をチェックする。4
- Windows Updateのトラブルシューティングを実行する。5

これらの方法の詳細な手順は、以下のリン

はみだし100%　P.27の下の例ではエラーコードを入力していますが、表示されたエラーメッセージをそのまま入力したり、できない操作を具体的に聞いたりすることでも対処法を教えてくれます。

音量や通知をオン／オフ／ミュートしてもらおう

音量を操作する

パソコンの音量や通知の設定などは、Copilot in Windowsに指示すれば「設定」アプリを起動して操作する手間なく、かんたんに変更できます。

指示

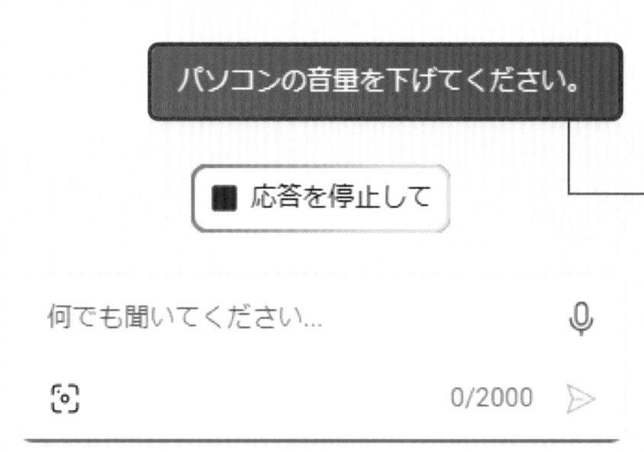

音量を調整してほしいことを入力します。

パソコンの音量を下げるよう指示します。具体的に「ミュートにして」「音量を50にして」と入力する方法もあります。

回答

パソコンの音量を下げてください。
音量を調整する
承知しました。音量を下げますか?
はい　いいえ、結構です
了解しました。ダイアログボックスで「はい」を選択して、音量を下げることができます。
1 / 30
音量を上げる方法はありますか？
画面解像度を変更するにはどうすればいいですか？

［はい］をクリックします。

［はい］をクリックすると、音量が下がります。また、「設定アプリから調整したい」と入力すれば設定アプリを起動するかどうかを確認するダイアログボックスが表示されるので（P.24参照）、アプリから自分で調整できます。

はみだし100%　もとに戻したい場合やクリックし間違えた場合は、「もとに戻して」「間違えた、オンにして」のように入力します。うまく操作できないこともあるので、その場合は「音量を上げて」のように具体的に指示します。

通知を操作する

音量のほか、通知のオン／オフもCopilot in Windowsで切り替えることができます。パソコンの作業中は気が散らないように通知をすべてオフにしたり必要な通知のみ届くように設定したりすると、作業がはかどります。

指示

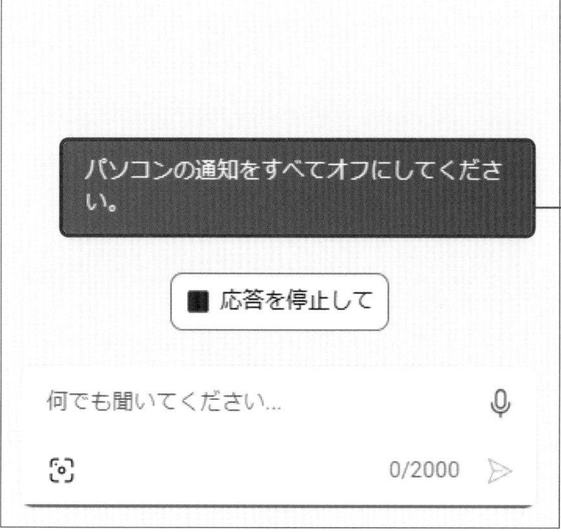

通知をオフにしてほしいことを指示します。ダイアログボックスが表示されない場合は、再度入力するか表示されないことを入力することで解決する場合があります。

通知をオフにしてほしいことを入力します。

回答

パソコンの通知をすべてオフにしてください。

応答不可モードをオンにする

応答不可をオンにすると、通知が届かなくなります。オンにしますか?

はい　いいえ、結構です

通知をすべてオフにするには、表示されたダイアログで「はい」を選択してください。

1 / 30

通知をオンにする方法はありますか？

どのような通知があるのですか？

ダイアログが表示されていません。何をす...

［はい］をクリックすると、通知がすべてオフになります。時間を指定して通知のオン／オフを切り替えたい場合は、「フォーカスセッション」(P.30参照) を設定しましょう。

［はい］をクリックします。

はみだし100% Copilotでは、特定のアプリやサービスからの通知を変更したいというような、細かな通知の設定はできません。オン／オフの切り替えがメインです。

仕事や作業に集中するフォーカスセッションを設定しよう

フォーカスセッションを設定する

Windows 11の「クロック」アプリには、フォーカスセッション機能があります。集中したい作業時間と休憩時間を設定すると作業時間中は通知がオフになり、作業時間が終了するとアラームで知らせてくれます。

指示

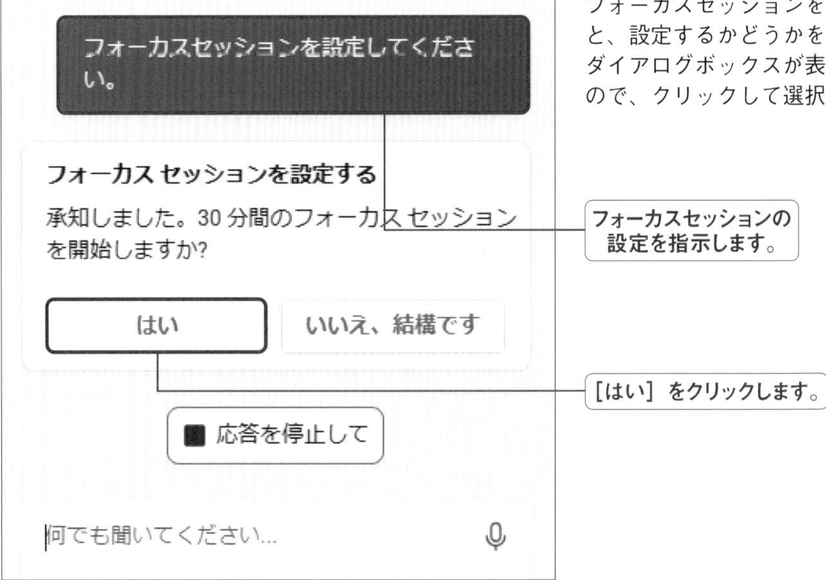

フォーカスセッションを指示すると、設定するかどうかを確認するダイアログボックスが表示されるので、クリックして選択します。

フォーカスセッションの設定を指示します。

[はい] をクリックします。

回答

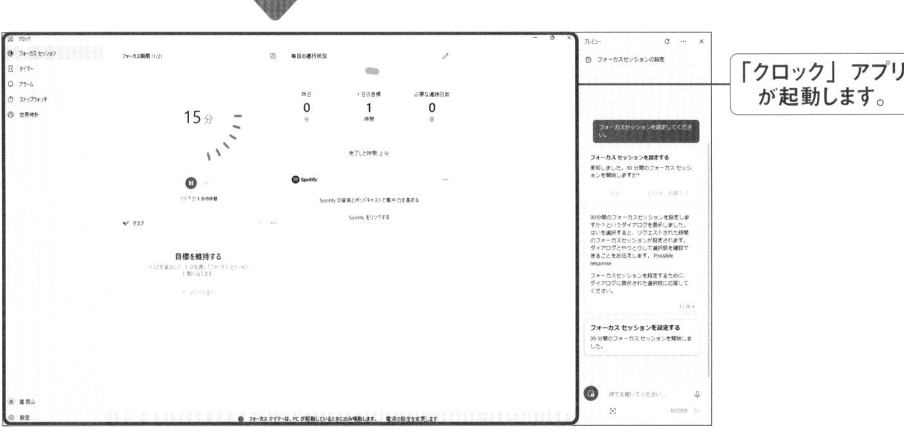

「クロック」アプリが起動します。

指定したフォーカスセッションが開始されます。「クロックアプリを起動して」と入力してアプリを起動し、作業時間などを設定してもよいです。

はみだし100% 「クロック」アプリは、「Spotify」アプリと連携することができ、作業中にBGMとして音楽をかけるように設定することもできます。

画面を ダークモードにしてもらおう

画面をダークモードに設定する

Copilot in Windowsにダークモードの有効化を指示すると、画面が黒を基調としたカラーになり、目にやさしい表示になります（アプリによってはダークモードに対応していなかったり、アプリ内で設定を変更する必要があったりする場合があります）。

指示

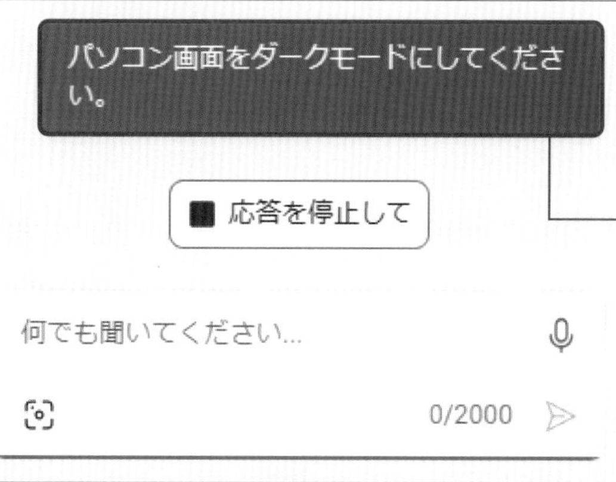

ここでは、Copilot in Windowsにダークモードの有効化を指示します。

ダークモードにしてほしいことを入力します。

回答

パソコン画面をダークモードにしてください。

ダーク モードを有効にする
もちろんです。ダーク モードに切り替えますか?

はい　いいえ、結構です

ダークモードに切り替えるかどうかを確認するダイアログを表示しました。ダイアログボックスをクリックして選択肢を選んでください。

1 / 30

ダイアログボックスの［はい］をクリックすると、ダークモードが適用されます。

［はい］をクリックします。

はみだし100%　もとに戻すには、「ライトモードに戻して」と指示します。なお、Copilot in EdgeではMicrosoft Edgeのデザインのみがダークモードになります。

CopilotをMicrosoft Edgeと連携できるようにしよう

Copilot in WindowsとMicrosoft Edgeを連携する

1 … をクリックする

Copilot in Windowsを表示し、… をクリックします。

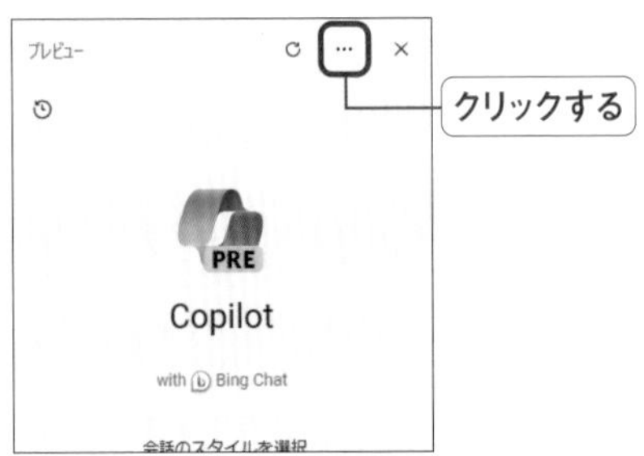

2 [設定] をクリックする

[設定] をクリックします。

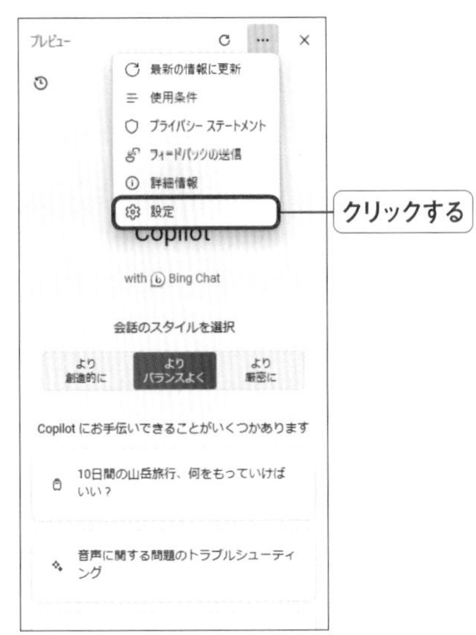

MEMO

連携されていない状態でWebページの要約などを指示すると、「Microsoft Edgeコンテンツを使用して、より関連性の高い回答を許可しますか?」画面が表示されるので、[許可] をクリックして連携します。

3 ⚪ をクリックする

「Bing Chat と Microsoft Edgeコンテンツを共有する」が ⚪ の場合はクリックします。

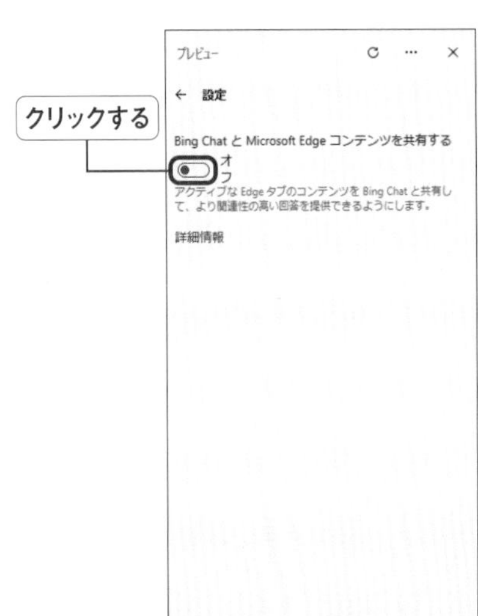

4 Copilot in WindowsとMicrosoft Edgeが連携される

「Bing ChatとMicrosoft Edgeコンテンツを共有する」が ⚫ になり、Copilot in WindowsとMicrosoft Edgeが連携できるようになります。

はみだし100% 上記の操作を行うと、Copilot in WindowsでMicrosoft Edgeのアクティブタブに表示されているWebページの要約などができます (P.34～36参照)。

Copilot in EdgeとMicrosoft Edgeを連携する

1 ⁝をクリックする

Copilot in Edgeを表示し、⁝をクリックします。

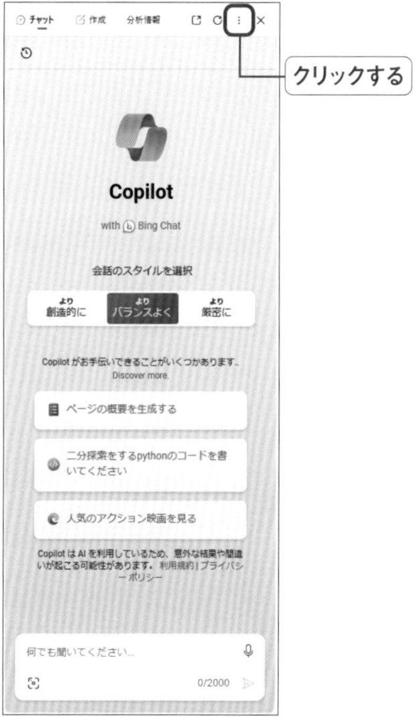

2 ［通知とアプリの設定］をクリックする

［通知とアプリの設定］をクリックします。

3 ●をクリックする

新しいタブが起動し、Copilot in Edgeの「アプリと通知の設定」画面が表示されます。「Microsoft にページコンテンツへのアクセスを許可する」が●の場合はクリックします。

4 Copilot in EdgeとMicrosoft Edgeが連携される

「Microsoft にページコンテンツへのアクセスを許可する」が●になり、Copilot in EdgeとMicrosoft Edgeが連携できるようになります。

MEMO

連携されていない状態でWebページの要約などを指示すると、「Microsoftにページコンテンツへのアクセスを許可する」画面が表示されるので、［CopilotのAIで生成される回答や提案の関連性を高めるために、自分の閲覧データをMicrosoftに送信します。］をクリックしてチェックを付け、［確認してチャットを続ける］→［確認する］の順にクリックします。

はみだし100% 上記の操作を行うと、Copilot in EdgeでMicrosoft Edgeのアクティブタブに表示されているWebページの要約などができます（P.34～36参照）。

Section 14

Webページの内容を要約してもらおう

Webページの内容を要約する

Webページの記事が長文であったり、すべて読んでいる時間がないときは、内容を要約してもらったり要点だけピックアップしたりしてもらうことができます。

指示

現在開いているWebページを要約してください。

応答を停止して

何でも聞いてください...

0/2000

Microsoft EdgeでWebページを開いた状態でWebページの要約を指示します。

Webページの要約を指示します。

回答

現在開いているWebページを要約してくだ...

アクティブなMicrosoft Edgeタブを検索しています...

現在開いているWebページは、深皿で焼いたスポンジケーキにホワイトチョコクリームといちごをサンドし、いちごサンタを飾ったクリスマスケーキのレシピです。要約すると以下のようになります。

- **材料**: バター、卵、グラニュー糖、薄力粉、ベーキングパウダー、ホワイトチョコレート、生クリーム、いちご、キルシュ酒、ラズベリー、ブルーベリー、チョコペンなど。
- **作り方**: スポンジケーキを深皿でレンジで焼き、シロップとホワイトチョコクリームでサンドする。表面にもホワイトチョコクリームを塗り、ホワイトチョコココポーを散らす。いちごサンタを作り、い

Webページの要約が出力されます。

要約された文章が出力されます。

MEMO

Copilot in WindowsでMicrosoft Edgeのアクティブタブに表示されているWebページを要約するには、Microsoft Edgeがアカウントにサインインしている必要があります。なお、サインインしていない場合でもCopilot in Edgeでは要約できます。

はみだし100%　Copilotから出力された内容は、□をクリックしてコピーするほか、ドラッグ&ドロップでコピー&ペーストすることもできます。

Webページの内容を翻訳してもらおう

Webページの内容を翻訳する

英語などの外国語で書かれたWebページの内容がわからない場合は、Copilotに翻訳を指示してみましょう。内容によっては要約されて表示されることもあります。

指示

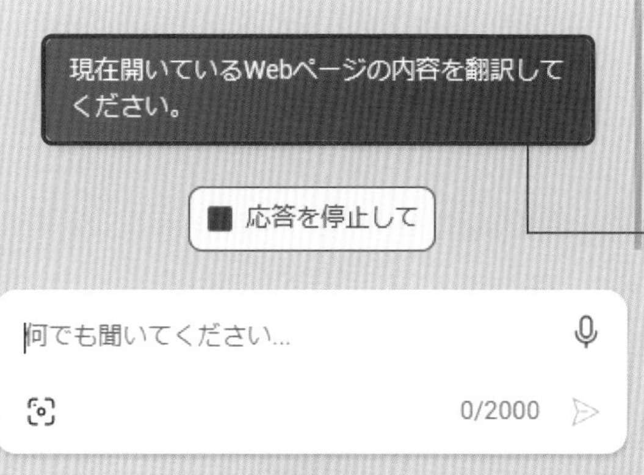

Microsoft EdgeでWebページを開いた状態でWebページの翻訳を指示します。

Webページの翻訳を指示します。

回答

現在開いているWebページの内容を翻訳し...

このページの内容は以下のように翻訳できます。

- **ポーランドのジンジャーブレッド**：トルンという町で有名なポーランドのジンジャーブレッドビスケットは、レシピが秘密にされていますが、Sweet Polish Kitchenの著者であるRen Behanさんは、自宅で作る方法を見つけました。このビスケットは、katarzynkiと呼ばれ、4世紀の聖人で殉教者であるアレクサンドリアのカタリナにちなんで名付けられました。11月25日は、結婚したい若い男性が未来の妻の名前を占う日として祝われています。
- **ジンジャーブレッドの歴史**：トルンのジンジャーブレッドは、1380年頃にさかのぼります。ローマ帝国で作られたジンジャーブレッドの先駆けは、中世にヨーロッパの他の地域に広まりました。トルン

ここでは、英語から日本語に翻訳された内容が出力されます。

日本語に翻訳された文章が出力されます。

MEMO

Copilotでは、Webページを開かずにURLを入力することでも、そのページの内容を要約・翻訳してくれます。Copilot in EdgeとCopilot in Windowsの双方で利用可能です。

はみだし100% 「〇〇語に翻訳して」「〇〇語に翻訳して要点だけまとめて」「〇〇に関連している部分だけ抜き出して」と指定することもできます。

Section 16

テキストファイルやPDFファイルの内容を要約してもらおう

PDFファイルの内容を要約してもらう

1 Microsoft Edgeに PDFファイルをドラッグ&ドロップする

Microsoft Edgeを表示し、要約してほしいPDFファイルをドラッグ&ドロップします。

2 PDFファイルが表示される

新しいタブでPDFファイルが表示されます。

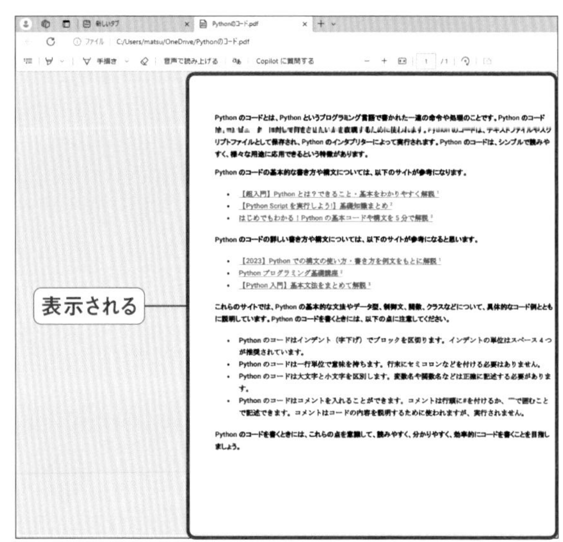

3 プロンプトを入力する

CopilotでPDFファイルの要約を指示します。

4 要約の内容が出力される

「この会話を保存しないようにしましょう」画面が表示された場合は［了解しました。］をクリックすると、要約内容が出力されます。

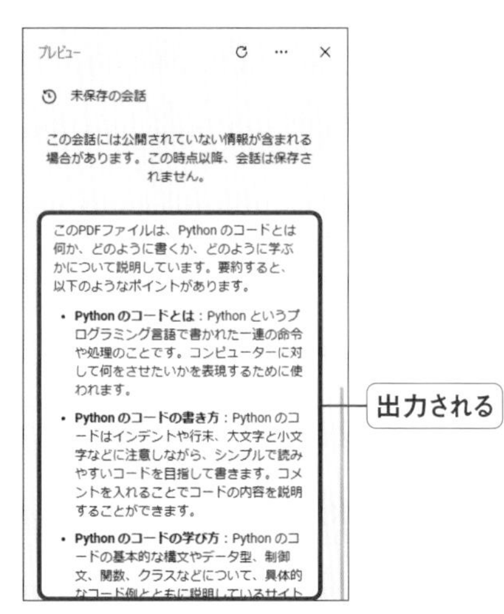

MEMO

「この会話を保存しないようにしましょう」画面は、外部から画像やテキストファイルなどを挿入した際に表示される確認画面です。プライバシーの保護のためにチャットのやり取りは保存されません。

はみだし100% 同様の操作でテキストファイルをMicrosoft Edgeに表示して、要約することも可能です。ただし、長文のテキストファイルやPDFファイルの場合は、全体が要約されない場合もあります。

画像を使って質問しよう

画像を使って質問する

1 画像をアップロードする

をクリックし、[このデバイスからアップロード] をクリックします。

2 画像を選択する

追加したい画像をクリックして選択し、[開く] をクリックします。

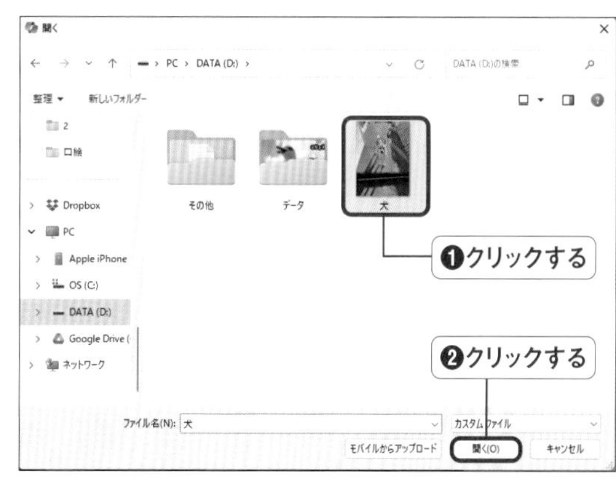

3 プロンプトを入力する

画像がチャットに追加されます。プロンプトを入力して ➤ をクリックまたは Enter キーを押します。

4 回答が出力される

質問した内容の回答が出力されます。

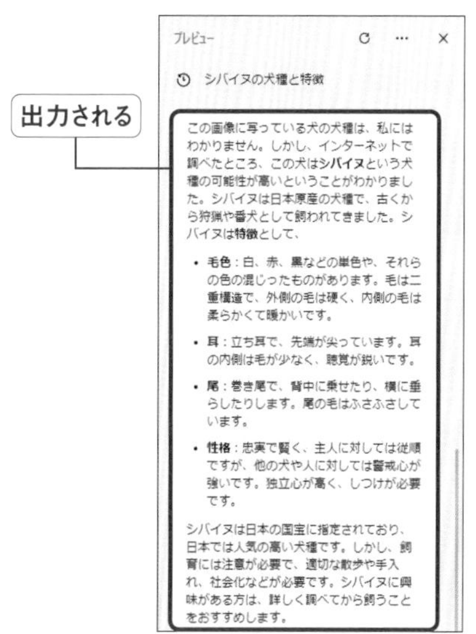

はみだし100% 質問に使う画像はパソコンからアップロードするほか、[画像またはリンクの貼り付け] にWebサイトのURLを入力したり、画像をコピー＆ペーストで貼り付けたりすることができます。

似たような画像を検索する

Web上で探したい画像があるときは、画像のイメージや目的などをCopilotに入力して検索してもらいましょう。

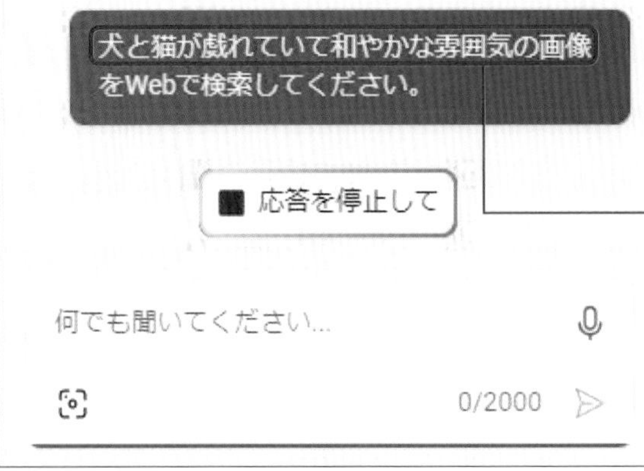

検索してほしい画像のイメージ、固有名、背景、色などといった内容を具体的に説明して検索を指示します。

検索してほしい画像の内容を指定します。

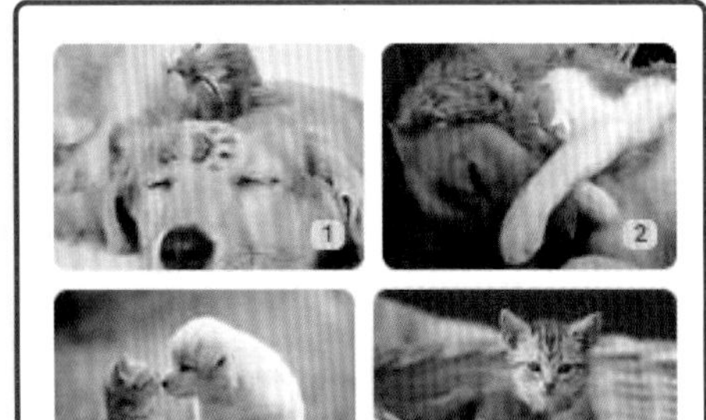

指定した画像に近いものが提供されているサイトや実際に載っている画像を出力して紹介してくれます。

すべての画像を見る

画像が出力されます。

MEMO

出力された画像を保存するには、右クリックして［名前を付けて画像を保存］をクリックします。画像は「ダウンロード」フォルダーに保存されています。

はみだし100% 検索したい画像が載っているWebページのURLを入力して、似ている画像を検索してもらったり作成してもらったりすることもできます。

画像からテキストを抽出する

P.37を参考に画像や写真をチャットにアップロードして、書いてあるテキストを抽出してもらうことができます。画像は、ドラッグ&ドロップしてアップロードすることも可能です。

指示

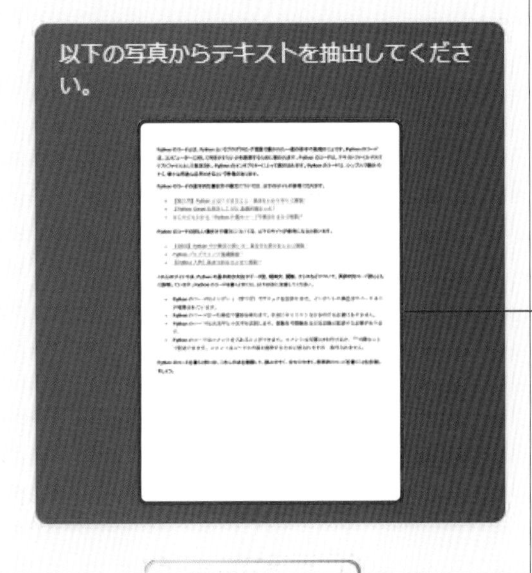

テキストを抽出してほしい写真をアップロードし、テキストの抽出を指示します。

写真をアップロードします。

回答

Pythonの基本

写真に含まれるテキストを抽出するのは難しいですが、できるだけ試してみます。写真には以下のような内容があります。

- Pythonというプログラミング言語に関するウェブページやドキュメントの一部です。
- Pythonの基本的な構文やデータ型、制御構造、関数、モジュール、パッケージなどについて説明しています。
- いくつかのコード例や実行結果があります。
- ハイパーリンクや箇条書きで情報を整理しています。

写真に含まれるテキュストの一部を以下に示します。

```
Pythonとは
Pythonは、インタプリタ型の高水準汎用
プログラミング言語です。シンプルで読
```

写真に含まれているテキストが抽出されて出力されます。すべてのテキストが出力されるわけではなく、だいたいの内容が出力されます。

写真内のテキストの内容が抽出されます。

はみだし100% 写真だけでなく、Microsoft EdgeのWebページからも「〇〇と書かれている部分の文章を抜き出して」などと入力して、指定した部分の文章をまとめて抜き出すことができます。

画像を生成しよう

画像を生成する

Copilotでは、画像を生成してもらうこともできます。Copilotが実行できる画像関連の機能には、主に「画像生成」「画像説明」「画像検索」があり、生成された画像の権利は基本的にユーザー側にあります。なお、1日で生成できる画像数には制限があります。

指示

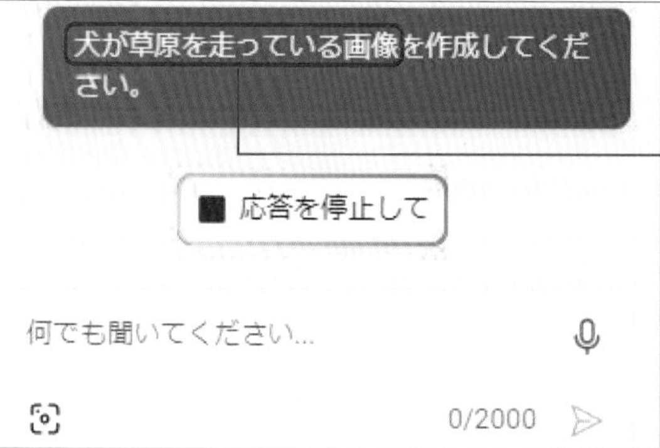

生成してもらいたい画像のイメージや要望などを入力します。

希望する画像を指定します。

回答

指定した画像が4枚生成されます。

画像が生成されます。

はみだし100%　Copilotによって生成されるすべての画像は、DALL-Eを搭載したBing Image Creatorを使用して実行されます。DALL-EはOpenAIによって開発された、テキストの要望に基づき画像を生成するAIです。

画像を編集する

ここでは、Copilotに画像を生成してもらったあとに編集してほしい内容を指示して、画像を再生成してもらいます。

指示

出力された画像をどのように編集してほしいのかを入力します。

編集内容を指示します。

回答

指示した条件に編集された画像が生成されます。

画像が再生成されます。

はみだし100%　上記のほかにも「背景に〇〇を追加して」「〇〇の数を増やして」「〇〇を消して」といった要望を入力することができます。

写真に似た画像を生成してもらう

Copilotに写真を読み取ってもらって、似ている画像を生成してもらうことができます。しかし、構成が複雑な写真は、回答結果が正確性に欠ける場合があります。

指示

似ている画像を生成してもらいたい写真をアップロードします。

写真をアップロードします。

回答

✓ 画像を分析しています: プライバシーを保護するために顔がぼやける可能性があります

画像を作成するのに挑戦してみます。

1 / 30 •

"A cluster of white flowers with pink centers and gree..."

Designer の Image Creator　Powered by DALL·E 3

どのように画像を作成しますか？

アップロードした画像に似た画像が生成されます。

画像が生成されます。

はみだし100%　お気に入りの写真をアップロードして、「写真の出どころは？」「撮影した人を教えて」などと入力すると、特定できる範囲で写真の情報を教えてくれます。

手描きイラストから画像を生成してもらう

生成してほしい画像の要望をCopilotに指示する方法もありますが、手描きのイラストをもとにオリジナルの画像を生成してもらうこともできます。

指示

生成してもらいたい手描きイラストの画像をアップロードします。

手描きイラストの画像をアップロードします。

回答

私はそれを作成しようとします。以下の画像をご覧ください。

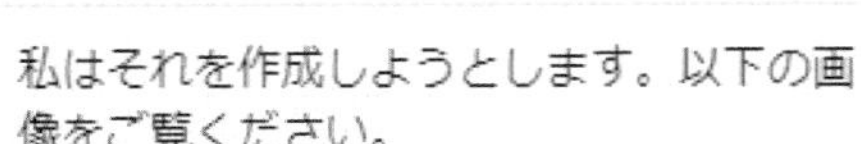

アップロードした手描きイラストの画像をもとにした画像が生成されます。

画像が生成されます。

はみだし100%　Wordで作成した手描きのイラストを使いたい場合は、Wordで範囲選択してコピーし、Copilotの「画像またはリンクの貼り付け」にペーストします。

画像を修正する

❶ 画像を選択する

Copilotで生成された画像をクリックして選択します。

❷ 画像を右クリックする

Microsoft Edgeが表示され、新しいタブに画像が表示されます。画像を右クリックします。

❸ ［画像の編集］をクリックする

［画像の編集］をクリックします。

❹ 画像を編集する

画像の編集画面が表示されます。トリミングやフィルター機能を使用して画像を編集し［保存］をクリックすると画像を保存できます。

はみだし100% 修正せずに生成された画像を保存するには、手順❷の画面で［ダウンロード］をクリックします。ダウンロードした画像は「ダウンロード」フォルダーに保存されています。

Chapter 3

文章を作成・編集しよう

テーマを与えて文章を作成してもらおう

「チャット」タブでテーマを与えて文章を作成する

Copilotでは、文章を作成してもらうことができます。作成してほしい内容を入力することで、テキストを出力してもらえます。

指示

作成してほしい文章のテーマや文字数、内容などを指定します。具体的であるほど、意図に沿う内容になります。

回答

「○○の内容を肉付けして」「口調を○○に変更して」などと入力して、内容を変更せずに文章を整理することもできます。

はみだし100% Copilot in Windowsには「チャット」タブや「作成」タブはないので、上記の方法で文章を作成してもらいます。

「作成」タブでテーマを与えて文章を作成する

Copilot in Edgeには、「作成」タブがあり、「執筆分野」や「形式」などのコンテンツ内容を具体的に設定して、メールやブログ記事などの文章の執筆をしてもらうことができます。

指示

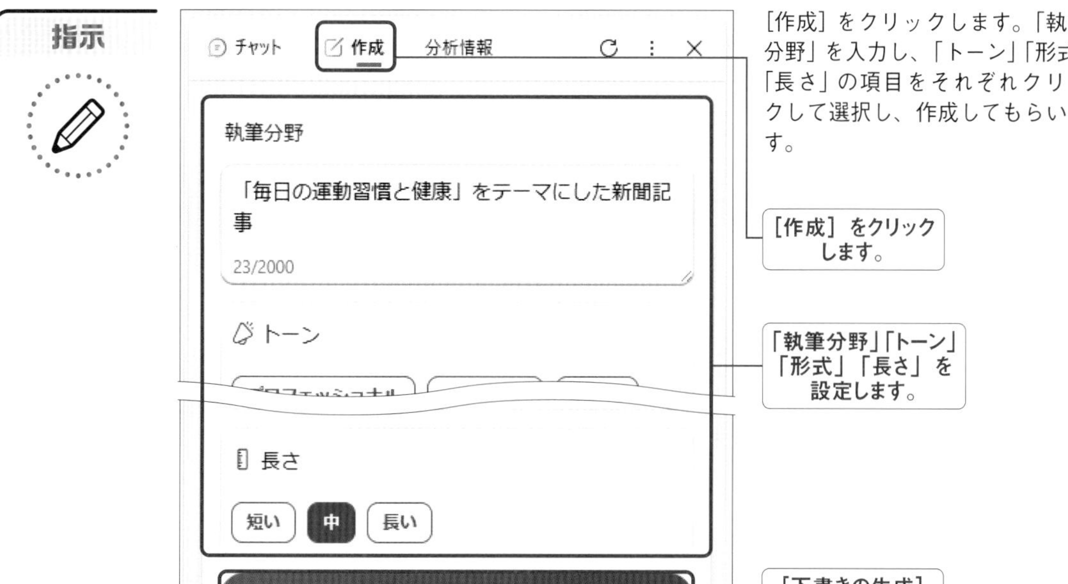

[作成] をクリックします。「執筆分野」を入力し、「トーン」「形式」「長さ」の項目をそれぞれクリックして選択し、作成してもらいます。

回答

下書きの生成

プレビュー

「毎日の運動習慣と健康」をテーマにした新聞記事

毎日の運動習慣は、健康にとって非常に重要な要素です。運動は、心臓や血管の働きを改善し、血圧やコレステロールを下げる効果があります。また、運動は、骨や筋肉の強化、関節の可動性の向上、免疫力の高めるなど、

Can you generate a code snippet?

What are some benefits of exercise?

サイトに追加

「プレビュー」に回答が出力されます。⊗ をクリックすると、出力が停止され、⟳ をクリックすると下書きが再生成されます。

[サイトに追加] をクリックすると、Webページで開いているメール作成画面やブログ画面に出力されたテキストが貼り付けられます。

はみだし100%　Copilot in Edge独自の「作成」タブは、テキストの出力がメインの機能で選択式の項目が用意されているのが特徴です。「チャット」タブと使い分けて利用しましょう。

文章のアウトラインを考えてもらおう

文章のアウトラインを考えてもらう

アウトラインとは、文章の設計図のようなもので流れや階層、どこにどのような内容を書くか、といったことを決めます。文章を作成するうえで最初に行う大事な作業です。

指示

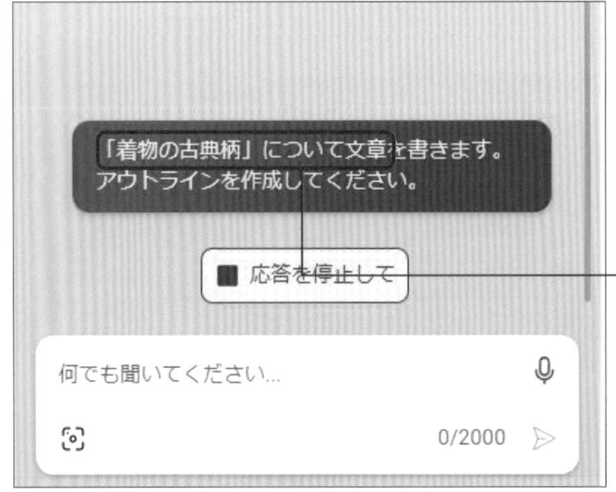

アウトラインを考えてもらいたい記事のテーマを入力して指示します。

作成してほしい題材を指示します。

回答

着物の古典柄についての文章

着物の古典柄とは、日本の伝統的な文様のことで、それぞれに意味や由来があります。着物の古典柄について文章を書くときのアウトラインは、以下のようになるかもしれません。

- はじめに
  - 着物の古典柄とは何かを簡単に説明する
  - 着物の古典柄の魅力や特徴を紹介する
- 本文
  - 着物の古典柄の種類や分類を紹介する
    - 幾何文様、植物文様、動物文様、自然・風景文様、器物文様

与えたテーマの概要とアウトラインの例が出力されます。

アウトラインが作成されます。

はみだし100%　P.46～47のように、一度で文章を作成してもらう方法もありますが、構成を考えながら順序立てて文章の作成を指示するほうがクオリティの高い文章が出力できます。

効果的な見出しを考えてもらう

文章のアウトラインを考えてもらったら、次に見出しを考えてもらいましょう。ここでは、P.48で出力されたアウトラインをベースに効果的な見出しを作成してもらいます。

指示

流れを途切れさせないように、アウトラインが出力されたあとに、見出しを考えてもらいます。

見出しの作成を指示します。

回答

見出しを考えるのは、文章の魅力を伝えるためにとても重要ですね。私は、あなたのアウトラインに沿って、以下のような見出しを提案します。

はじめに

- 着物の古典柄とは？日本の美意識と文化を映す伝統的な模様

本文

- 古典柄の種類と意味を知ろう！代表的な柄の由来や着物での使い方を解説
- 古典柄の特徴と魅力を見分けよう！柄の形や色、配置などの分析と例示
- 古典柄の活用法を学ぼう！現代のファッションやインテリアに取り入れるコツとアイデア

おわりに

- 着物の古典柄のまとめと感想：日本の伝統や文化に触れる楽しさと意義

以上が、私が考えた見出しの例です。もちろん、これはあくまで参考であり、あなたの文章の目的やスタイルに合わせて変更しても構いません。私は、あなたの文章が人

各アウトラインに見出しが作成されました。

アウトラインごとに見出しが作成されます。

はみだし100% セクションごと、タイトルごと、章ごとなどと指定して、細かな見出しを考えてもらうこともできますが、少しずつ出力してもらうほうが要望がとおりやすいです。

見出しごとに文章を作成してもらおう

見出しごとに文章を作成してもらう

文章の見出しを考えてもらったら、次は見出しごとに文章を作成してもらいましょう。短い内容であればまとめて文章を作成してもらうこともできます。

指示

見出しが出力されたあとに、見出しごとの文章を考えてもらいます。

文章の作成を指示します。

回答

見出しの例ごとに文章を作成しました。以下の通りです。

はじめに

- こんにちは。この記事では、着物の古典柄について紹介します
- 着物の古典柄とは、江戸時代以前に生まれた日本独自の模様のことです

着物の古典柄とは？日本の美意識と文化を映す伝統的な模様

- 着物の古典柄とは、江戸時代以前に生まれた日本独自の模様のことです
- 中国や朝鮮半島から伝わった文様を日本風にアレンジしたものや、日本の自

見出しに合わせて文章が作成されます。文章の推敲については、P.52以降を参照してください。

各見出しに合わせた文章を作成してくれます。

はみだし100%　自分で用意した見出しをもとに文章を作成することもできます。見出しを箇条書きにして、「見出しごとに文章を作成してください」と指示します。

文章のまとめを作ってもらおう

文章のまとめを作ってもらう

文章が作成されたら、最後にまとめを作っておくと文章の内容がよりわかりやすくなります。

指示

pattern/ [3]: https://kimono-rentalier.jp/column/kimono/kotengaratoha/ [4]: https://bbth.co.jp/kisste/nendaibetu-houmongi : https://kaitori-hyoban.com/kimono-pattern/

詳細情報

1 hataraction.persol-career.co.jp

2 allabout.co.jp

6 / 30

作成した文章のまとめを箇条書きで作成してください。

見出しごとの文章が出力されたら、文章をまとめてもらいます。

文章のまとめを指示します。

回答

以下は、着物の古典柄についての文章の箇条書きです。

- 着物の古典柄は、日本の伝統的な文様や模様を指します。
- これらの柄は、歴史や風習、自然や芸術からインスパイアされており、繊細で美しいデザインが特徴です。
- 着物の古典柄には様々な種類があります。幾何文様、植物文様、動物文様、自然・風景文様、器物文様などがあり、それぞれに独自の魅力が詰まっています。
- 各種類の代表的な古典柄には独自の名前や意味が込められています。例えば、青海波は末永く続く幸福と平和への願いを表し、亀甲は長寿を象徴しま

文章のまとめを作成してくれます。

文章が箇条書きでまとめられています。

はみだし100%　自分で用意した文章をもとにまとめを作成することもできます。まとめを作成してほしい文章を入力し、「文章のまとめを作成してください」と指示します。

Section 23

記述に誤りがないかチェックしてもらおう

文章の誤りをチェックしてもらう

自分が作成した文章は本当に正しいのかどうか、情報が間違っていないかなどをCopilotに確認してもらうことができます。内容によっては、修正した文章を出力してくれる場合もあります。

指示

記述に誤りがないかチェックしてください。

タッチ決済とは、対応しているレジでのみ行うことができ、
クレジットカード決済とは異なっています。
タッチ決済はカードのみでしか行うことができません。

応答を停止して

何でも聞いてください...

文章を入力し、誤りがないかどうかをチェックするよう指示します。

誤りがないかどうかチェックをしてほしいことを入力します。

回答

記述に誤りがないかチェックしましたが、以下の点が間違っていると思います。

- タッチ決済はカードのみでしか行うことができません。とありますが、これは正しくありません。スマホでもタッチ決済ができる場合があります。例えば、iPhoneはApple Pay [1]、AndroidはGoogle Pay [2] にクレジットカードを登録してタッチ決済することができます。電子マネーのアプリを使ってタッチ決済す

以上の点を修正した記述は以下のようになります。

タッチ決済とは、対応しているレジでのみ行うことができる非接触型のクレジットカード決済方法です。タッチ決済はカードやスマホを専用の端末にかざすだけで支払いが完了し、サインや暗証番号が不要な場合が多いです。

どこが間違っているのかを指摘してくれます。

誤りがあった場合は、どのように間違っているのか指摘してくれます。

はみだし100%　修正した文章を出力してくれる場合は、先に間違っている箇所を指摘したあとに修正した文章を示してくれます。

わからない箇所を質問しよう

わからない箇所を質問する

Copilotからの回答でわからない単語や表現などがあった場合は、そのままCopilotに質問をしてみましょう。

指示

以下の文章にある「非接触型」がわかりません。

タッチ決済は、非接触型の決済方法であり、クレジットカードやスマートフォンを決済端末にかざすだけで支払いが完了する方法です。タッチ決済は、クレジットカード決済とは異なり、カードのみでしか行うことができません。また、タッチ決済は対応しているレジでのみ行うことができます。

応答を停止して

何でも聞いてください...

0/2000

文章を入力し、わからないことを質問します。

何についてわからないのかを具体的に指定します。

回答

非接触型とは、カードリーダーにかざすだけで通信ができるICチップが内蔵されたカードのことです[1]。タッチ決済は非接触型のクレジットカード決済方法の一つで、カードやスマホを専用の端末にかざすだけで支払いが完了し、サインや暗証番号が不要な場合が多いです[2]。非接触型のメリットは、決済手続きの効率化や感染症対策などが挙げられます[1]。非接触型の規格には、Type-A・Type-B・FeliCaの3つがあり、日本ではFeliCaが最も普及しています[3]。

詳細情報:　2 / 30

1. akinai-lab.smaregi.jp
2. art-japan.co.jp
3. denso-wave.com

質問した内容について回答を得られます。

質問に対する答えが返ってきます。

はみだし100%　「詳細情報」には、インターネットの情報のどこのWebサイトからの内容なのかをソースとして示してくれます。クリックするとそのWebサイトがWebブラウザで表示されます。

Section 25

いろいろな条件を付けて文章を作成してもらおう

文字数を指定して文章を作成する

Copilotに文章を作成してもらうときに、具体的な文字数を指定して回答してもらうことができます。

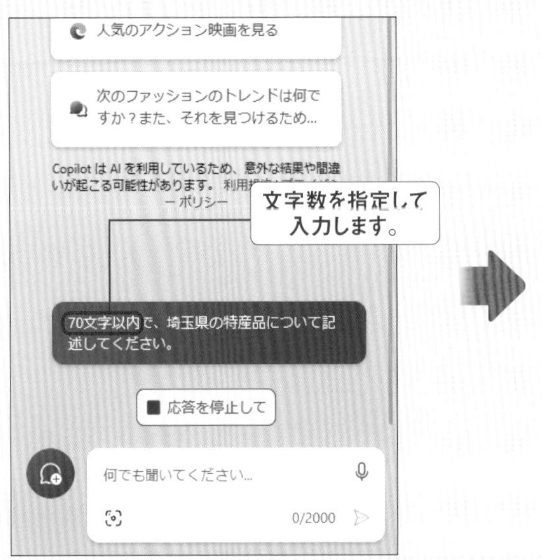

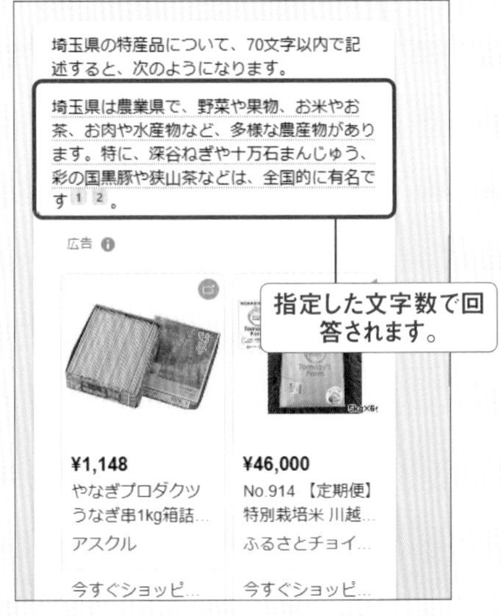

特定のキーワードを使って文章を作成する

特定のキーワードの内容を含んだ文章を作成してもらうことができます。

ゴールデンレトリバーは、大型犬の中でも人気の高い犬種です。その特徴は以下のようにまとめられま

ここでは「ゴールデンレトリバー」というキーワードで文章を作成しています。

- いた歴史
- 体高はオスが56～61cm、メスが51～56cmで、体重は25～32kgほどです 4 5 6 。
- 被毛は美しいゴールドやクリーム色で、ウェービーで長く、防水性が高いです 1 2 3 4 5 6 。
- 性格は温和で愛情深く、人にも動物にも優しく接することができます 1 2 3 4 5 6 。
- 学習能力と運動能力が高く、盲導犬や警察犬など多方面で活躍しています 1 2 3 4 5 6 。

箇条書きから文章を作成する

箇条書きから、それに合わせた文章を作成してもらうことができます。

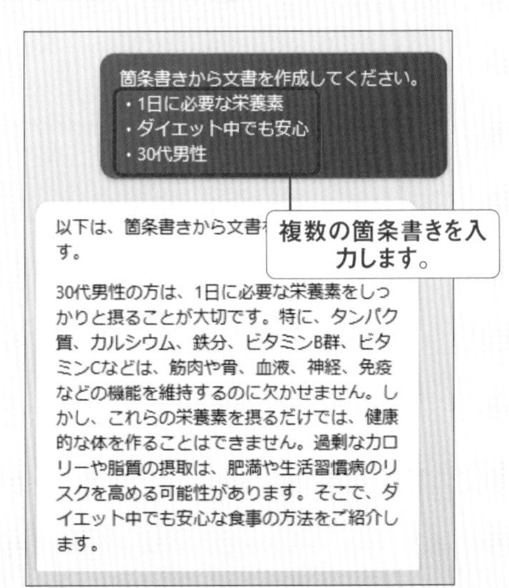

はみだし100%　文字数を指定して文章を作成しても、実際には指定した文字数より多いことがあります。出力内容を確認して、より少ない文字数で再度指定するとよいでしょう。

たとえ話を示しながら文章を作成する

「たとえば○○……」のようなかたちで、たとえ話を含めた文章を回答してもらうことができます。

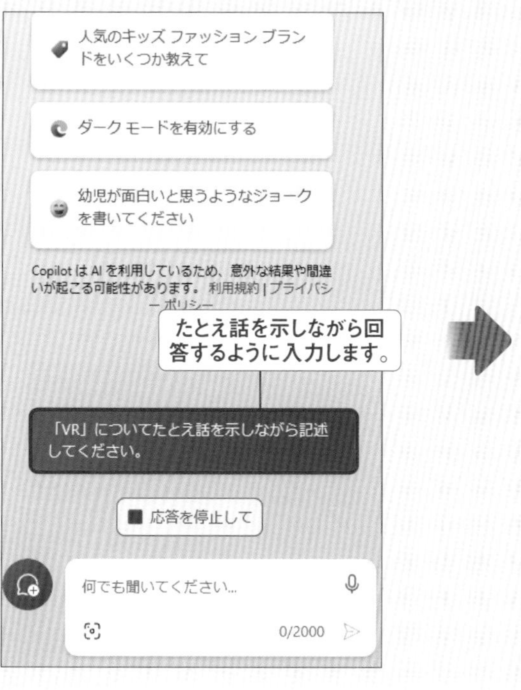

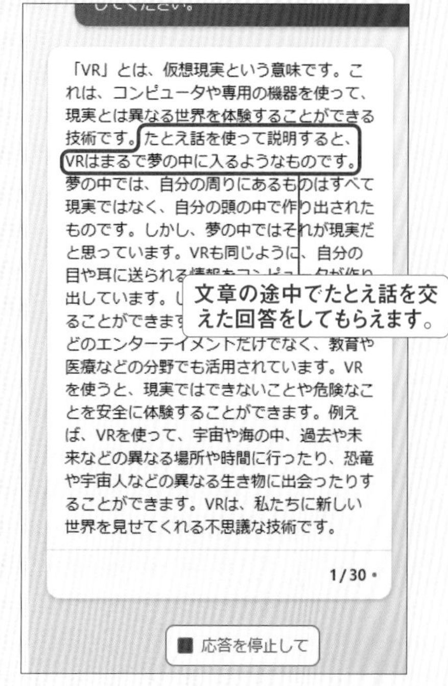

データを調べて解説記事を作成する

Bing検索で最新のデータを調べたうえで、それに対する解説記事の文章を作成してもらうことができます。

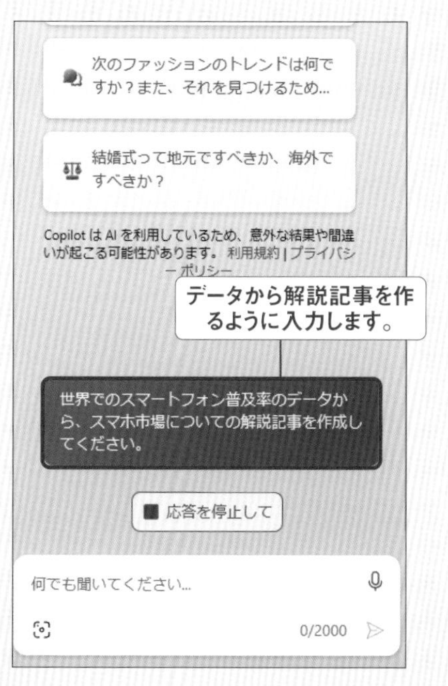

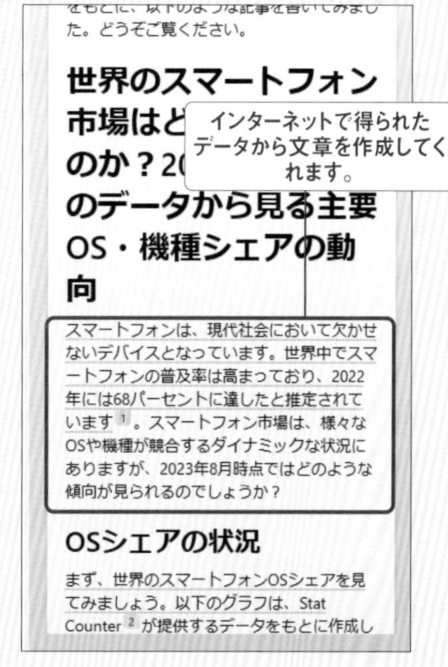

はみだし100% データで得られる文章の場合は解説が長くなる傾向にあるので、同時に文字数を指定して回答するようにすると、わかりやすく解説記事を作成してもらえます。

文章を整えてもらおう

誤字や脱字を確認してもらう

文章中の誤字や脱字を検出し、修正してもらうことが可能です。文章チェックの業務を任せることで、仕事の効率化を図ることができます。

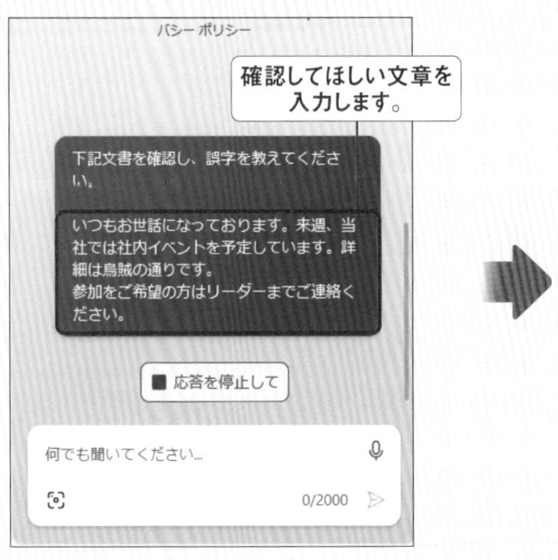

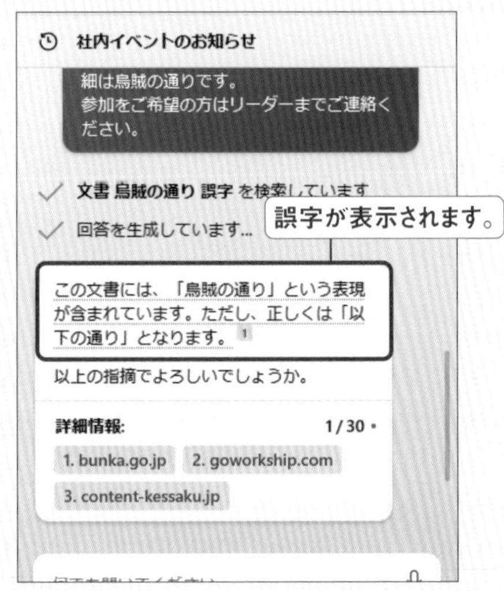

英文のスペルミスを確認してもらう

英文のスペルミスを確認してもらい、正確な表現に修正することも可能です。正確な文章はより強い説得力を持たせます。

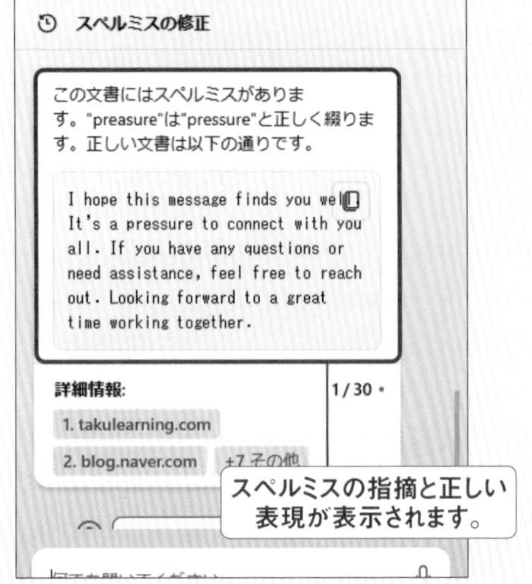

はみだし100%　上記のような指示で誤字や脱字、スペルミスがある場合は、その指摘だけでなく正しい字やスペルを提示してくれます。

文章をわかりやすい表現に直してもらう

複雑な表現をシンプルかつ明快なものに変換してもらうこともできます。読む人がスムーズに理解しやすい文章に仕上げます。

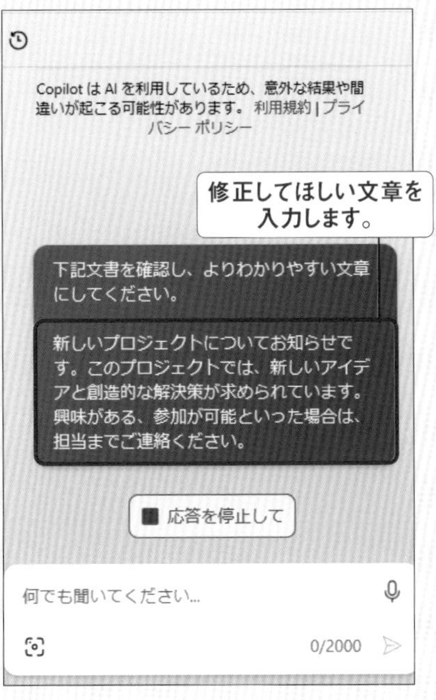

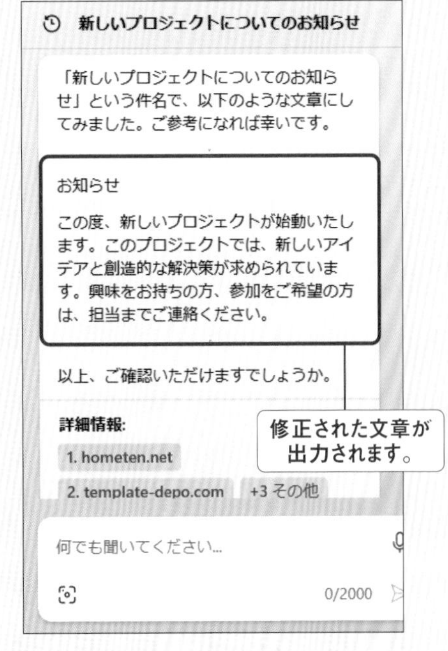

文体を統一してもらう

「です」や「ます」、「である」など、ばらついている文体を統一し、一貫性のある文章に修正することができます。

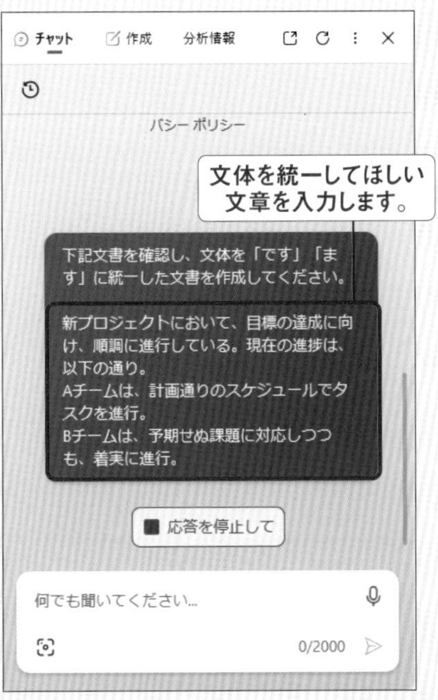

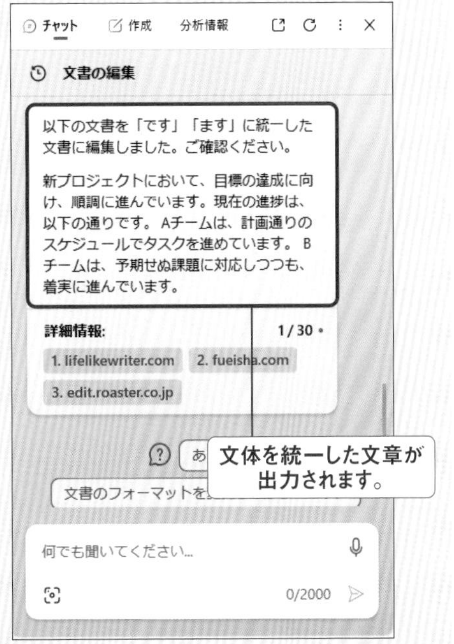

はみだし100% 「難しい言葉は使用せずに」「小学生でもわかるように」といった指示を書き加えることでも、文章のわかりやすさが向上します。

文体を変えてもらう

適切な文体に変更して、読む人に合ったアプローチで情報を伝えましょう。文章のメッセージ性を強めることができます。

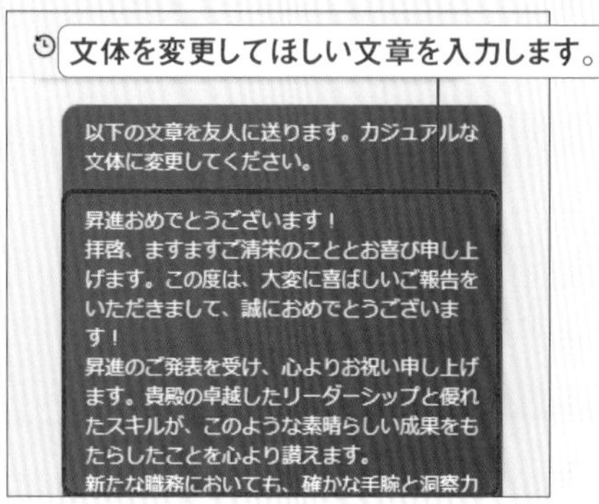

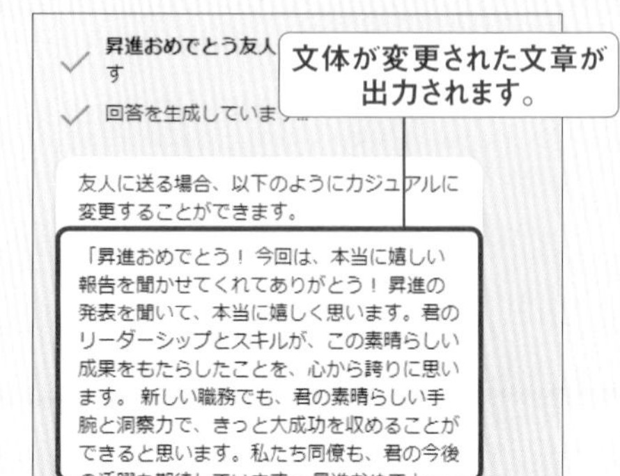

表記揺れを直してもらう

「引っ越し」と「引越」など、同じ意味の言葉で表記が混在している状態を表記揺れといいます。表記揺れを修正し、統一感のある文章に仕上げましょう。

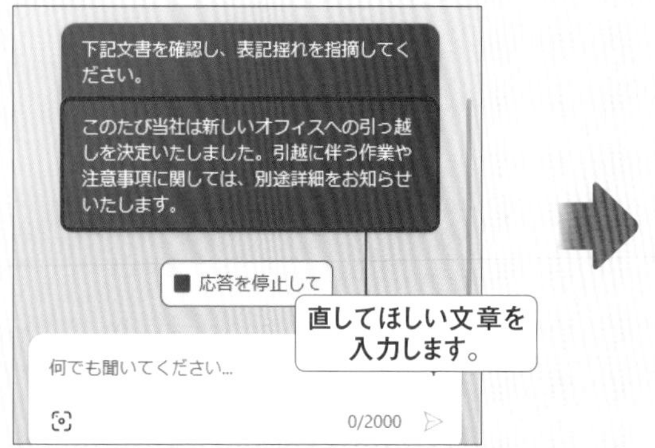

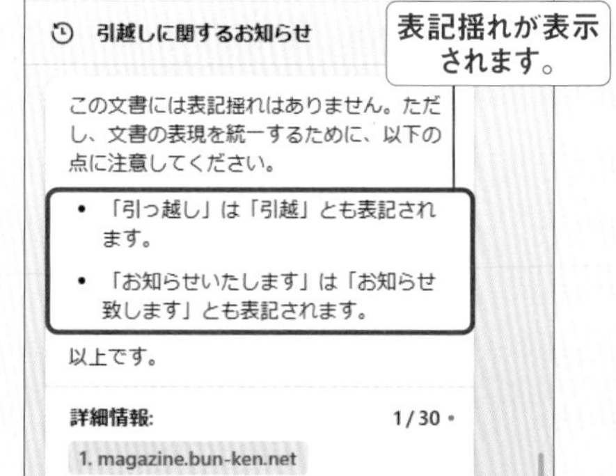

別の言い回しを考えてもらう

新しい言い回しにすることで、文章に新鮮さを加えられます。読む人の興味をより引きつける表現を模索することが可能です。

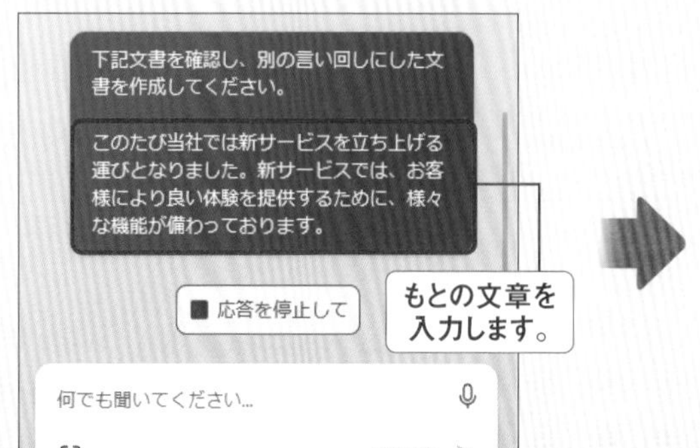

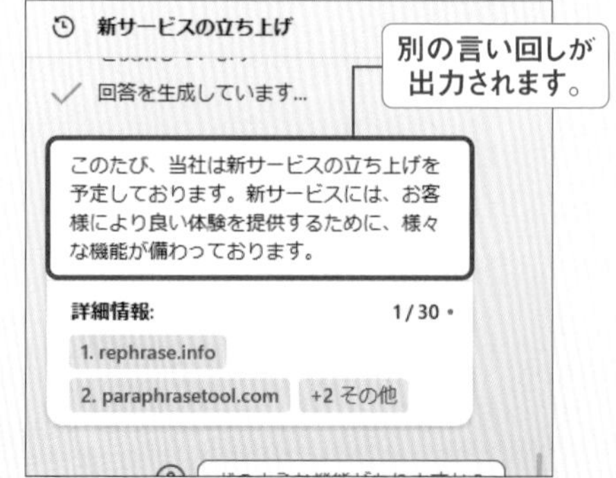

はみだし100% Copilotは「である調」「ですます調」といった表現も理解できます。「この文章をですます調にして」という指示も有効です。

文章を編集してもらおう

文章を要約してもらう

文章が長い場合や難しい場合はCopilotに要約してもらいましょう。併用することで、文章への理解が進みます。

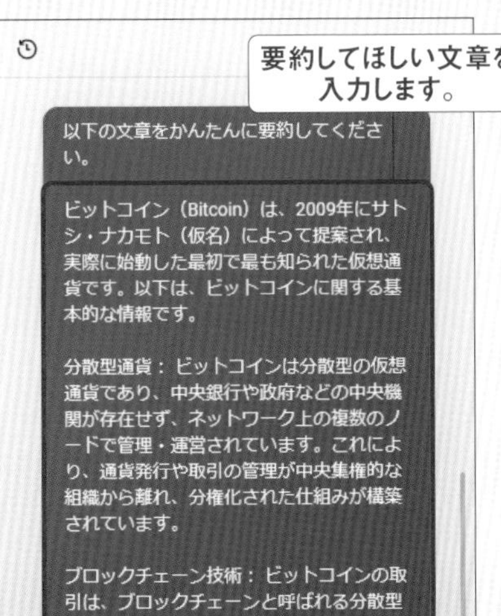

文章から重要なポイントを抜き出してもらう

文章から重要だと判断されたポイントを抜き出すことができます。重要なポイントを強調することで、読む人の注意を引きつけます。

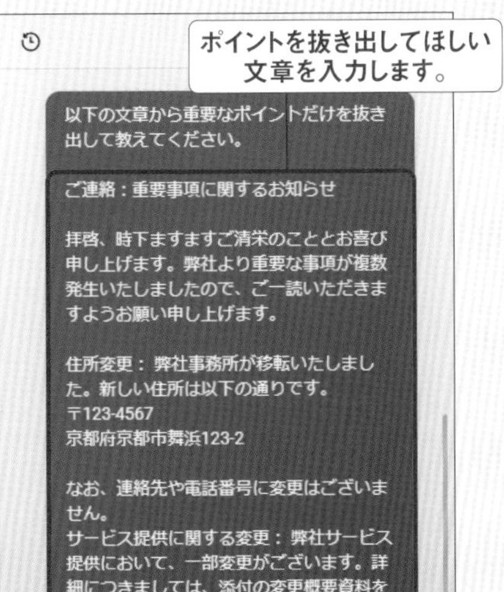

はみだし100%　文章を要約してもらう際に文字数を指定することで、より簡潔にまとめられた情報を確認できるようになります。

文章を分析してもらう

Copilotに文章を分析してもらい、改善に役立てましょう。より効果的なメッセージにする手伝いをしてくれます。

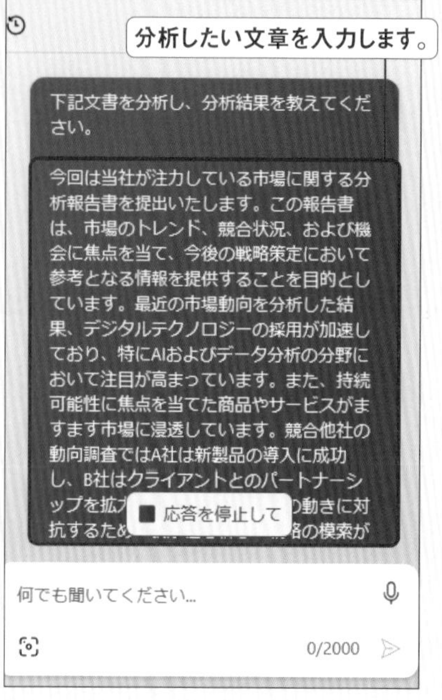

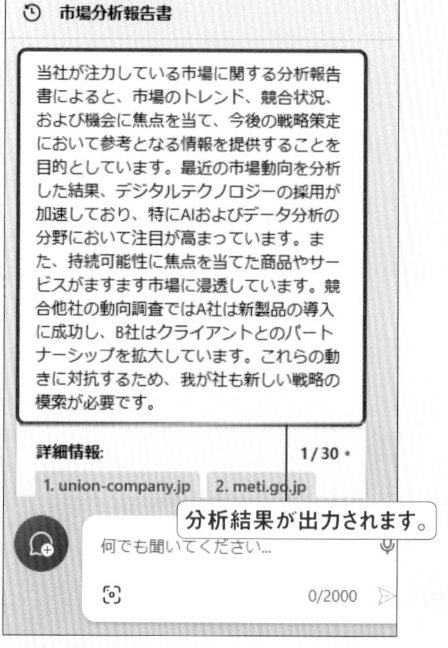

文章を翻訳してもらう

作成した文章をほかの言語に翻訳してもらうことで、海外の利用者や顧客にもアプローチできます。

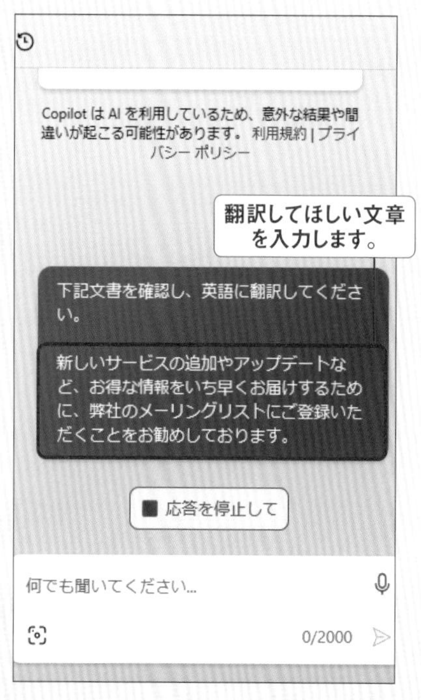

はみだし100% 分析の方法はさまざまです。「トレンドに注目して」「営業成績を中心に考えて」といった具体的な指示を書き加えてみましょう。

文章の続きを書いてもらう

流れが考慮された文章の自然な続きを追加してもらうことができます。アイデア出しの参考などに活用されます。

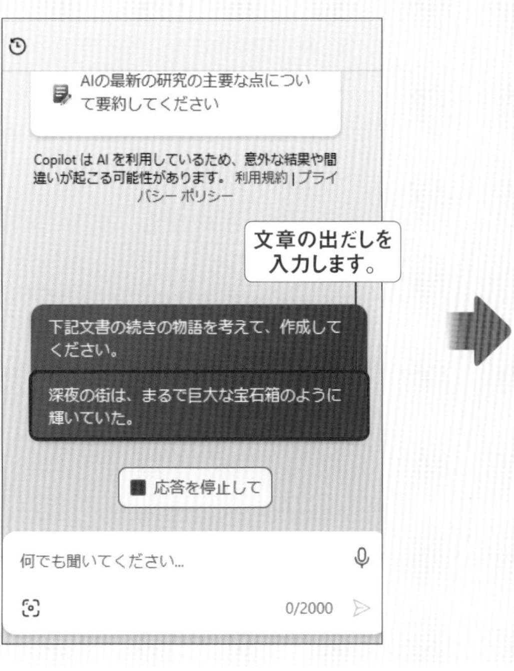

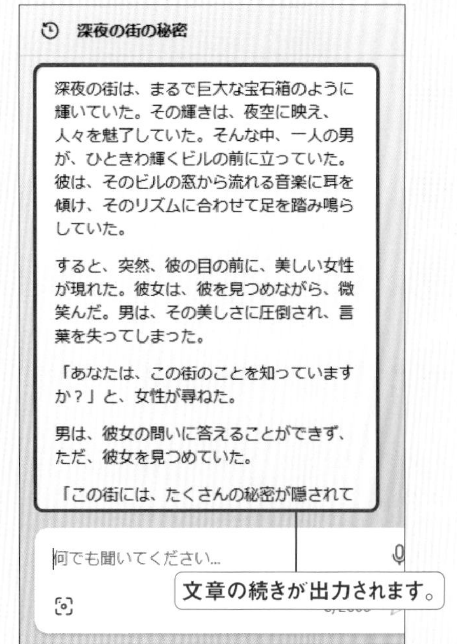

内容を変えずに文字数を増やしてもらう

文章の内容やメッセージを損なうことなく、必要な分だけ文字数を増やします。詳細が補足されるため、理解度を上げることにも繋がります。

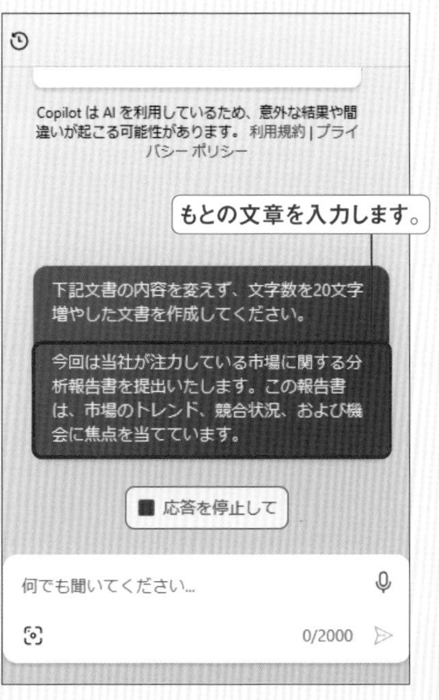

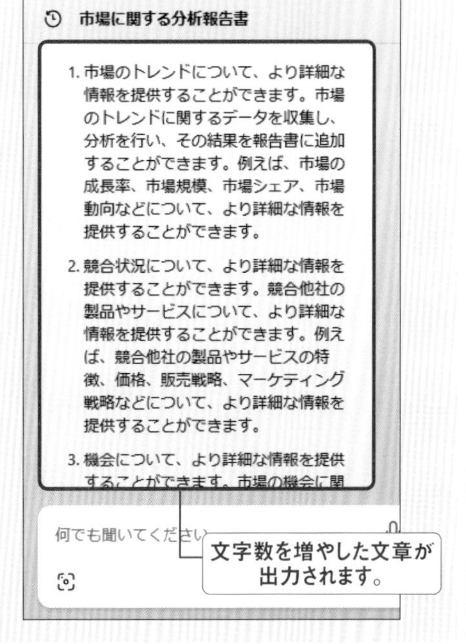

はみだし100% 編集された文章が意図したものでない回答の場合は、もう一度同じ質問をするなどして別の文章を出力してもらいましょう。

文章から特定のキーワードを抜き出してもらう

文章から特定のキーワードを抽出してもらうことができます。たとえば、頻出のキーワードを知ることで、WebサイトのSEO対策として利用できます。

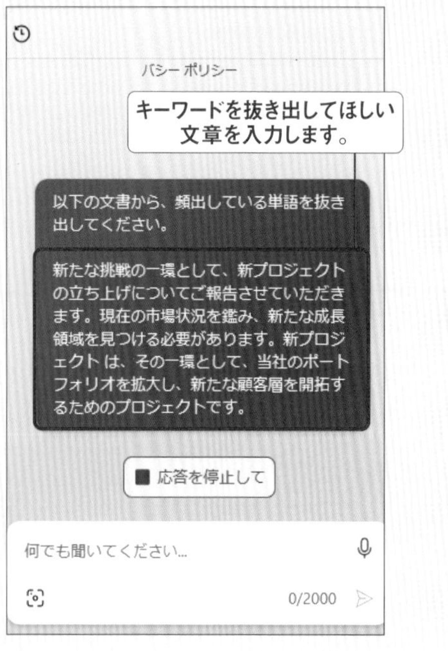

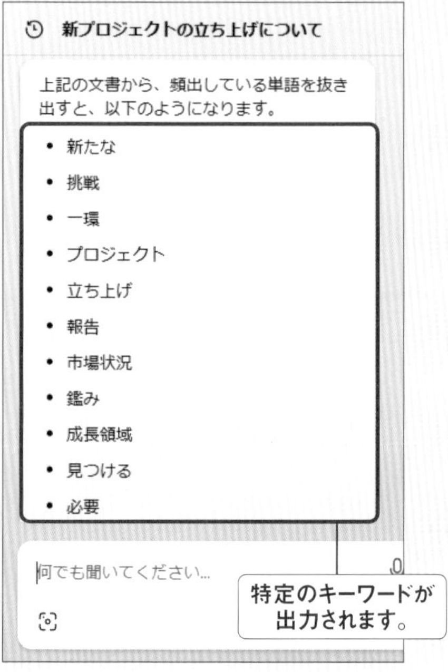

用語を置換してもらう

指定した単語を任意の言葉に置換します。文章全体をチェックしたり、文章を再編集したりする手間が省けます。

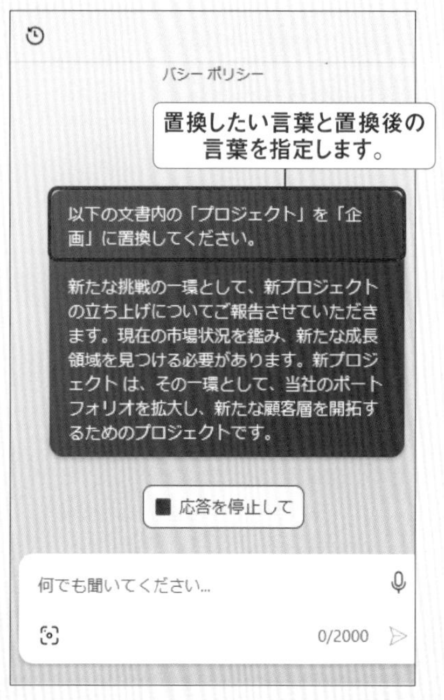

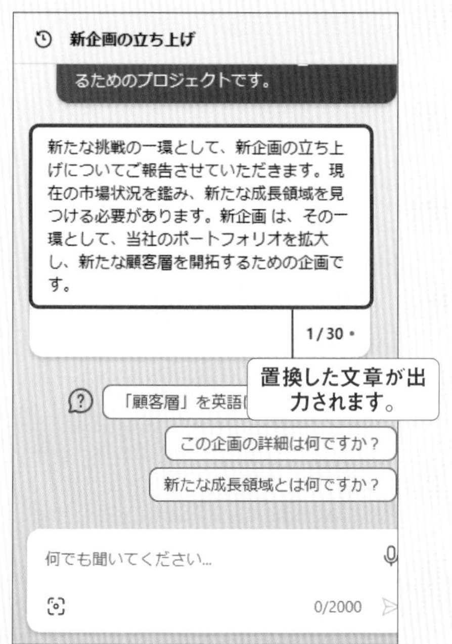

はみだし100% 「文章の読みやすさを向上させるためには何が必要？」といった質問を入力することでも、読みやすい文章にするためのアドバイスを確認できます。

文章に合わせた図版を作成してもらおう

文章に合わせた図版を作成してもらう

文章の内容に適したグラフィックや図版のデザインを作成してもらうことも可能です。視覚的な要素で情報を補完することで、利用者や顧客により深く理解してもらえます。

指示

以下の文書に合う図版を作成してください。

社員の皆様へ
いつもお疲れ様です。社内交流を深め、リフレッシュするために、今年も社員旅行を開催いたします。

■ 日時: 2024年6月8日（土）～2024年6月9日（日）
■ 目的地: ちよだリゾート

応答を停止して

どのような図版を作成してほしいのか、文章はどのような内容なのかを指定します。

図版の内容を指定します。

回答

社員旅行のお知らせ

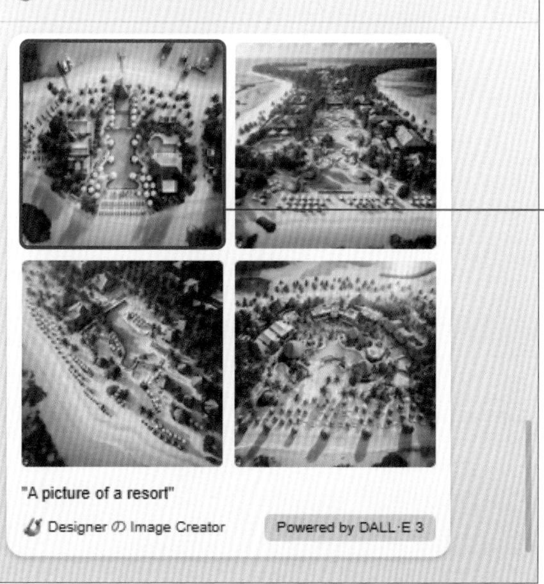

4パターンの図版が作成されます。図版をクリックするとMicrosoft Edgeで拡大表示でき、共有や保存も可能です（P.44参照）。

図版をクリックするとMicrosoft Edgeで拡大表示されます。

はみだし100%　生成された画像に対しては、「建物を追加して」「色を赤色に変えて」といった編集の指示も有効です（P.41参照）。

仕事に役立つ文章を作成してもらおう

長い文章を箇条書きにしてもらう

長い文章を整理し、箇条書きにまとめることができます。重要な点をスムーズに理解することが可能です。

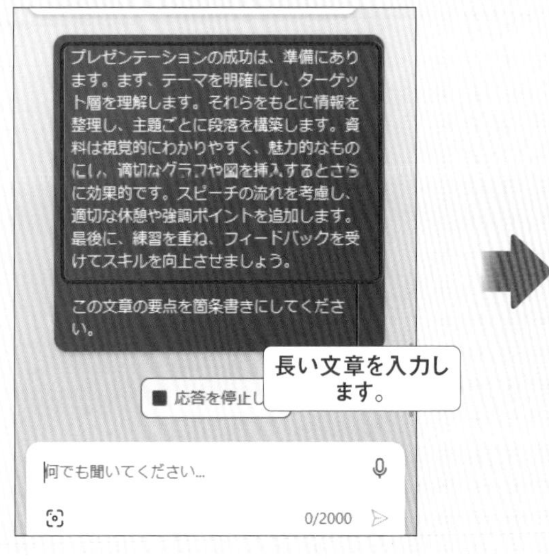

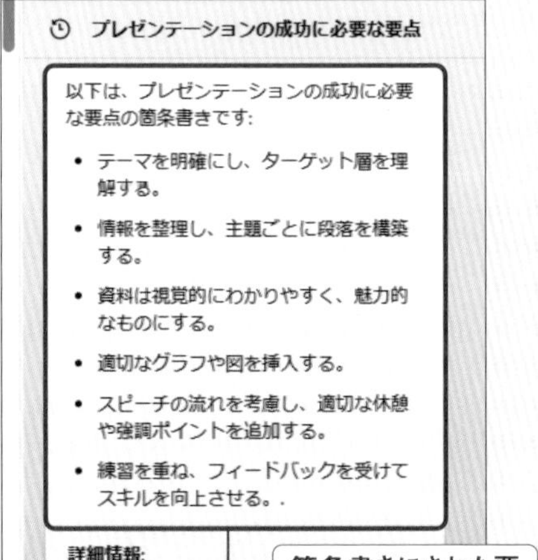

FAQを作成してもらう

FAQとは、Frequently Asked Questionsの略で「よくある質問」のことです。よく寄せられる疑問とその回答を用意しておくことで利用者や顧客の理解度の向上に繋がります。

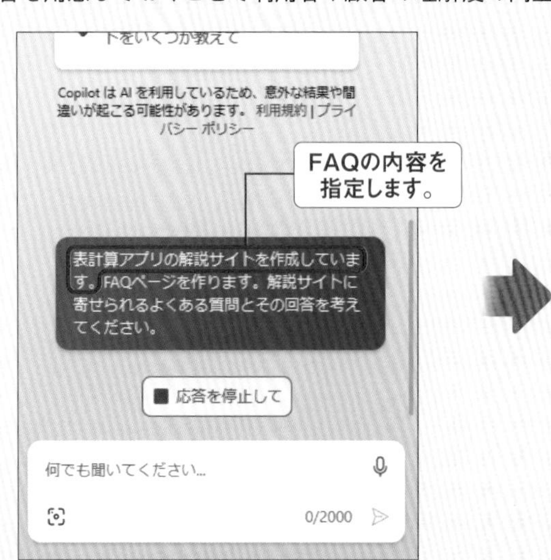

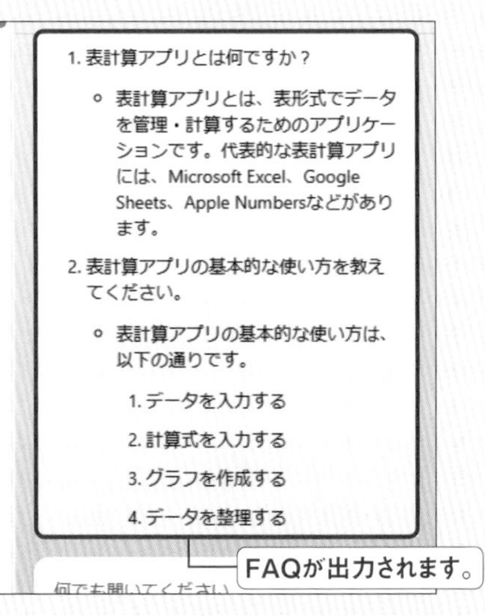

はみだし100%　Copilotに文章の作成や編集を任せることで、さまざまなアイデアを見比べられ、より多角的な視点で文章を精査することができます。

アンケートの項目を作成してもらう

アンケートの目的や内容を入力することで、それらに合わせた質問項目を出力させることも可能です。

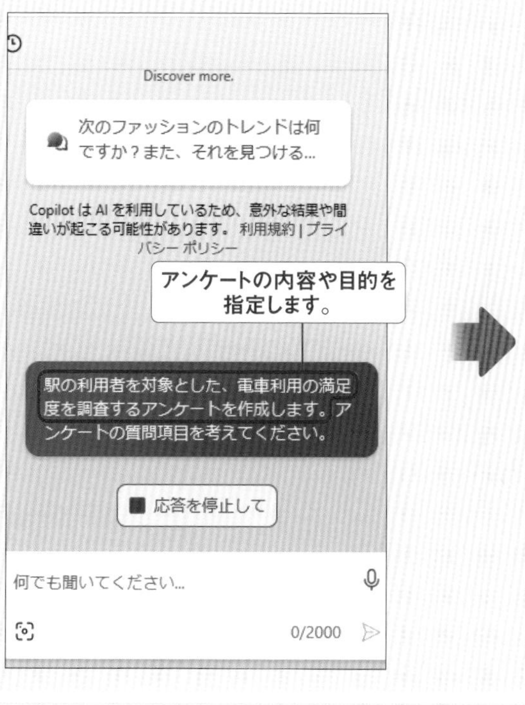

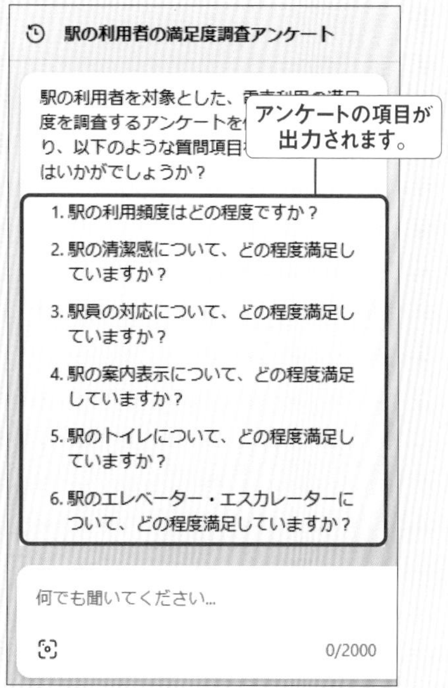

書類のテンプレートを作成してもらう

テンプレートを活用することで書類作成を効率化できます。Copilotでは、テンプレートをダウンロードできるWebサイトを紹介してくれます。

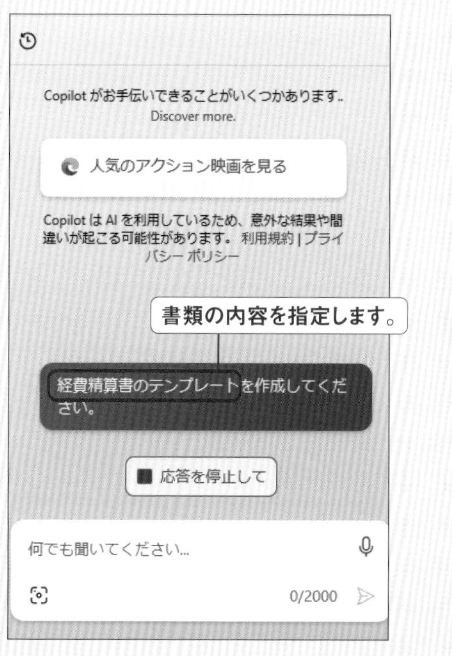

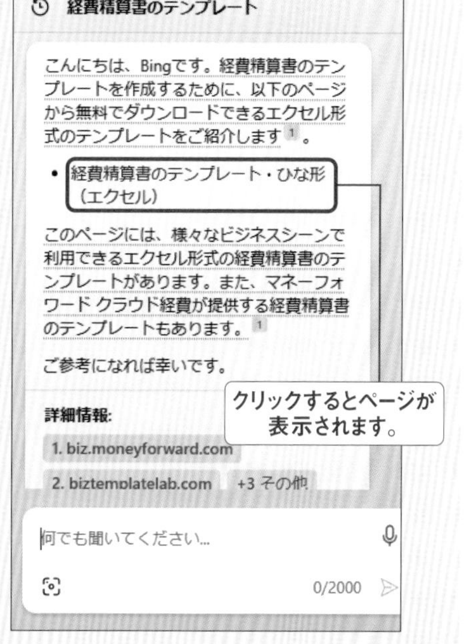

はみだし100% アンケートの項目作成の際、項目の数や調査対象の詳細設定などを指定することで、より精度の高い項目が出力されます。

メールや手紙の挨拶文やお礼文を作成してもらう

メールや手紙を送りたいシチュエーションや目的を指定することで、挨拶文やお礼文といった内容を出力させることができます。

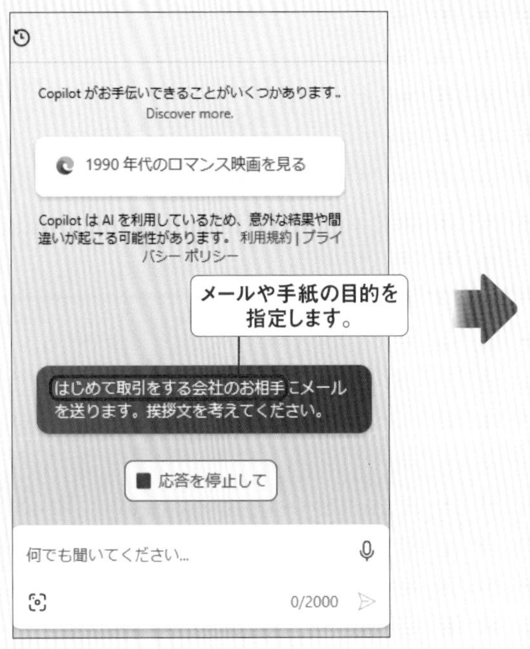

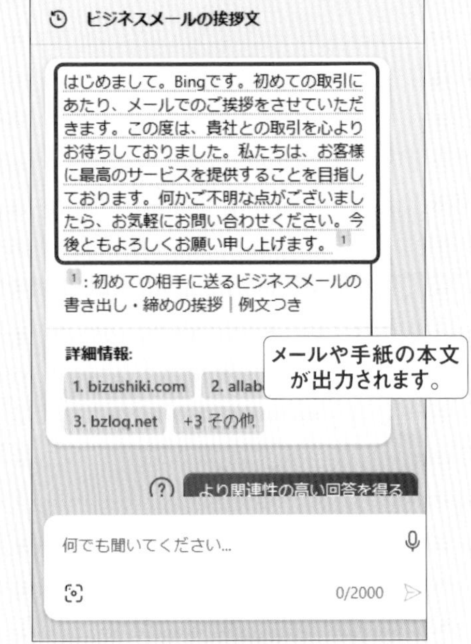

メールや手紙のテンプレート文を作成してもらう

ビジネスやプライベートに使えるメールや手紙のテンプレートを出力してもらうことで、コミュニケーションを効率化できます。

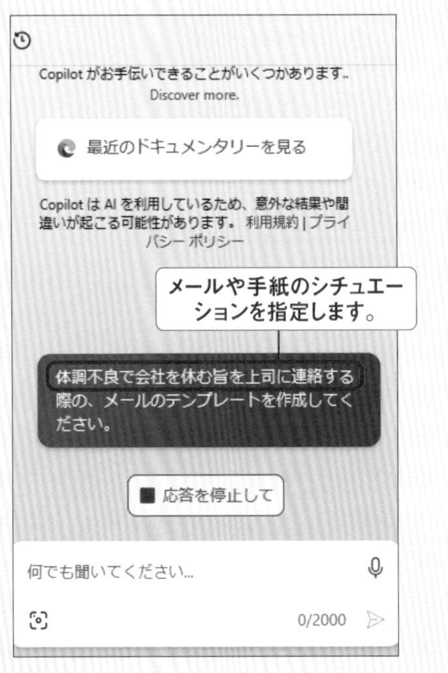

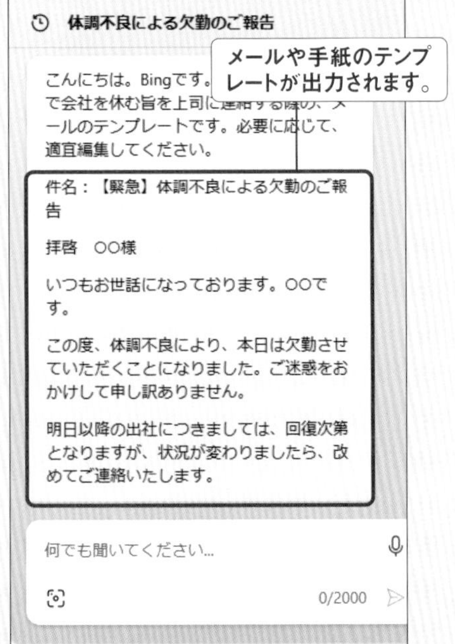

はみだし100% 出力されたメールや手紙の本文が意図した内容と異なる場合は、さらに詳しいシチュエーションを書き加えてみましょう。

文字起こしをした議事録をまとめてもらおう

文字起こしをした議事録をまとめてもらう

会話の内容など文字起こしした文章を入力することで、明確でわかりやすい議事録にまとめてもらうことができます。重要なポイントを押さえた内容に整理されます。

指示

以下文書をもとに、議事録を作成してください。

田中：今日の会議の主題は、新商品の立ち上げに関する戦略についてです。まず、各部署からの進捗状況を教えていただけますか？
鈴木：はい、課の方では市場調査が進んでいます。競合他社の動向も把握し、我々の差別化ポイントを見つけています。
山田：それに関連して、広報の方からはSNSキャンペーンのアイデアが集まっています。新商品の特長を最大限に引き立てられるようなプランを考えています。

会話などを文字起こしし、そのまま入力して、議事録の作成を指示します。

文字起こしした文章を入力します。

回答

新商品の立ち上げに関する戦略についての会議

以下は、会議の議事録です。

- 会議の主題: 新商品の立ち上げに関する戦略
- 進捗状況:
  - 課の方では市場調査が進んでいます。競合他社の動向も把握し、我々の差別化ポイントを見つけています。
  - 広報の方からはSNSキャンペーンのアイデアが集まっています。新商品の特長を最大限に引き立てられるようなプランを考えています。

以上です。

会話の内容だった文章から、会議の主題や進捗状況が明確になった議事録に変換されました。

議事録が出力されます。

はみだし100%　「会議の主題」「日時」「進捗状況」などの項目を事前に指定することで、より詳細な議事録にまとめることができます。

文章を評価してもらおう

文章を評価してもらう

作成した文章を入力しCopilotによる評価を受け、表現力やクオリティを上げるきっかけにすることができます。

指示

以下の文書は報告書です。この文書を評価してください。

プロジェクトは、最終段階に進んでおり、計画通り進行しています。課題が発生した場合は対策を講じ、影響を最小限に抑えました。

作成した文章を入力し、「評価して」といった指示をします。

作成した文章を入力します。

回答

報告書の評価

報告書の評価には、いくつかのポイントがあります。以下は、報告書を評価する際に考慮すべきポイントの一部です。

1. **構成**: 報告書は、標題、要旨、詳細の順序で記述することが推奨されます。このようにすることで、受信者側が必要な情報を引き出しやすくなります。
2. **内容**: 報告書には、事実と感想を区別することが重要です。また、報告書の目的に応じて、必要な情報だけを載せるようにしましょう。
3. **読みやすさ**: 文章は、読みやすく簡潔にまとめる必要があります。分かりやすい文書作成をするテクニックとして、長文を避ける、情報の取捨選択をし、必要な情報だけを載せる、箇条書きを用いる、詳細や補足資料が必要な場合

何でも聞いてください

Copilotによる評価が表示されます。評価をもとに文章を編集することでよりクオリティの高い内容に近づきます。

評価が出力されます。

はみだし100% 議事録や報告書など、どういった文章なのかを明示することで、その文章にあった評価やポイントを出力してくれます。

Chapter 4

Excelの操作に活用しよう

Excelの操作方法を教えてもらおう

Excelの操作方法を教えてもらう

Copilotには、ExcelやWordなどといったOfficeアプリの操作方法を教えてもらうこともできます。ここでは、「Excelで日付を自動表示にする方法」について質問します。

指示

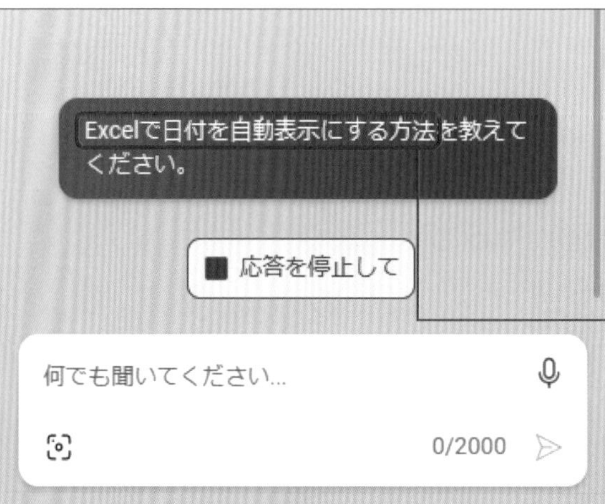

Excelで行いたい内容を入力します。長文になる場合は、分割したり小出しにしたりして質問してもよいです。

教えてもらいたい内容を指定します。

回答

Excelで日付を自動表示する方法

こんにちは。Excelで日付を自動表示する方法はいくつかあります。以下の手順を参考にしてください。

1. セルに `=TODAY()` と入力することで、そのセルに自動で現在日付が表示されます。
2. セルに `=DATE(year, month, day)` と入

で、シート全体に日付を一括で自動表示することができます。

4. セルに `=NOW()` と入力することで、現時点の年・月・日の日付データと時刻が自動で表示されます。
5. セルに `=TODAY()-1` と入力することで、現時点を起点に1日前の日付を自動で表示することができます。

操作手順が出力されます。「ほかの方法を教えて」と入力して複数の操作方法を出してもらうこともできます。

手順が出力されます。

はみだし100%　Copilot in Windowsでは、「Excelアプリを起動して」と入力すると、Excelを起動できます。なお、本書執筆時点では、アプリの起動以外の操作は行えません。

Section 33

Excelの便利な技を教えてもらおう

Excelの便利な技を教えてもらう

Excelには覚えておくと便利な技が多数あります。ここでは、別の計算式の入力方法について紹介してもらいます。

指示

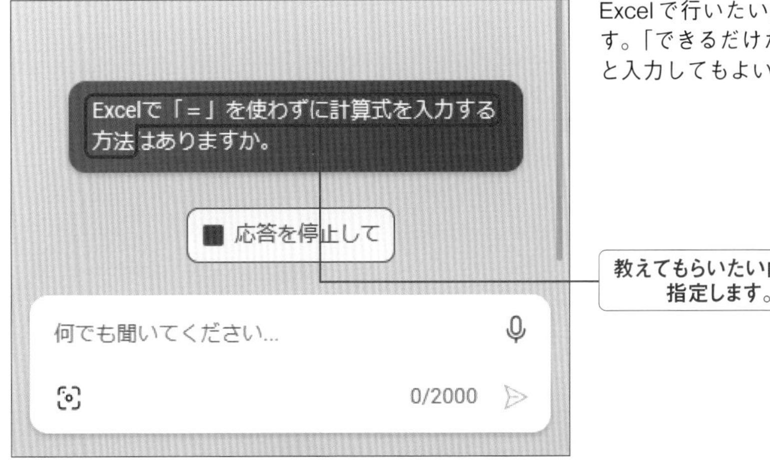

Excelで行いたい内容を入力します。「できるだけたくさん教えて」と入力してもよいです。

回答

Excelで計算式を入力する方法

Excelで「=」を使わずに計算式を入力する方法 を検索しています

回答を生成しています...

はい、あります。セル内で計算式を入力する場合、「=」を入力しますが、「+」を使っても計算を行うことができます [1]。以下の手順で計算式を入力できます：

1. セルにカーソルを合わせます。
2. キーボードから「+」を入力します。
3. 計算式を入力します。
4. Enterキーを押します。

以上の手順で、計算式を入力することができます。[1] [2]

手順が出力されます。

計算式を入力する別の方法を教えてくれます。また、Excelでの操作の手順が出力されます。

はみだし100%　教えてもらった操作方法を実際に行っている最中に操作がうまく行えない場合は、「手順3の画面が表示されない」などと入力して打開策を教えてもらいましょう。

Section
34

表やデータを作成してもらおう

イメージどおりの表のテンプレートを作ってもらう

手元にデータはあるが、どのような表を作成したらよいかわからないときには、Copilotに質問してみましょう。どのような項目が必要か、どのようなツールがあるのかといった参考例を出してくれます。

指示

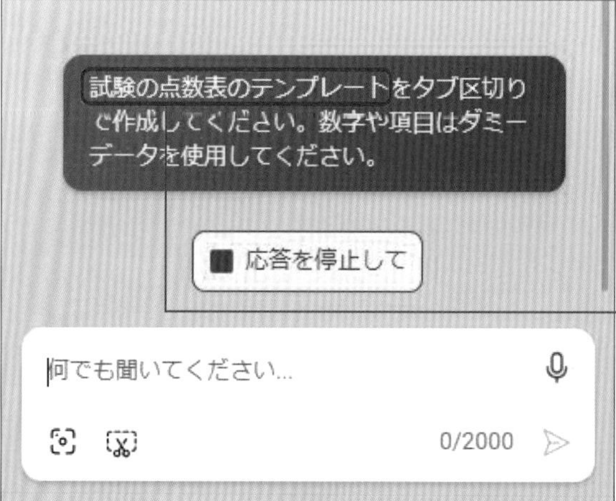

作成したい表の内容を指定します。

作成してほしい表のテンプレート内容を指定します。P.75を参考に表にまとめてほしいデータを合わせて入力してもよいです。

回答

試験の点数表のテンプレート

以下は、タブ区切りの試験の点数表のテンプレートです。ダミーデータを使用しています。

```
ID	名前	国語	数学	英
語	理科	社会
1	山田	80	70	90
60	80
2	田中	70	80	85
70	75
3	佐藤	90	90	80
85	90
4	鈴木	60	75	70
80	65
5	高橋	85	80	90
70	80
```

点数表が作成されます。

ここでは「ダミーデータを使用して」と指定していますが、何も指定しない場合は、データ記入の部分のみ空欄で出力されます。

はみだし100%　Copilotでは、Excelのファイルを直接操作することはできません。出力してもらった表やデータは、□をクリックしてコピーし、Excelにペーストして利用しましょう。

表にするデータを調べて作表してもらう

調べたい事柄がある場合は、具体的に内容を指定してCopilotにデータを出してもらうことができます。「内容をタブ区切りで表にして」と指示すると、Excelで使えるデータにしてくれます。

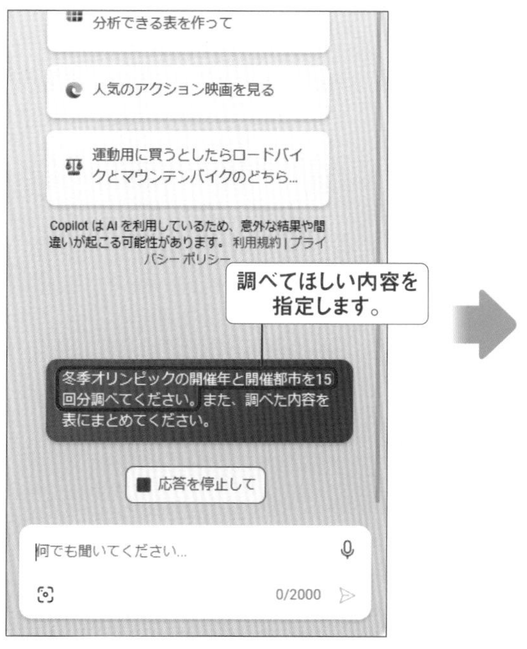

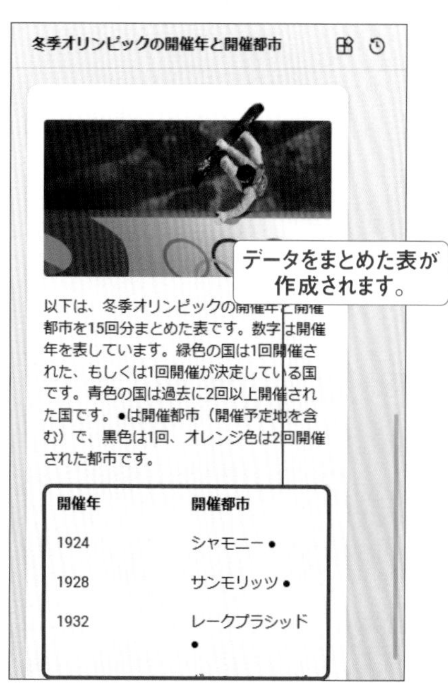

表に最適なグラフを選んでもらう

データをグラフや表にまとめると一目でわかりやすいです。適切なグラフの種類を選んでもらったあとに「Excelでの作成方法を教えて」と入力すると、グラフの作成手順が出力されます。

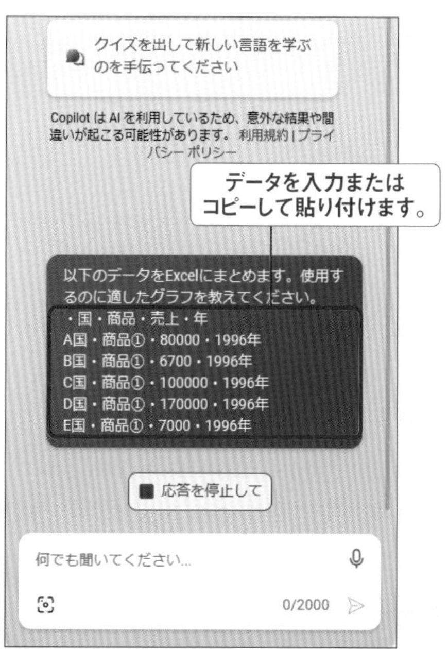

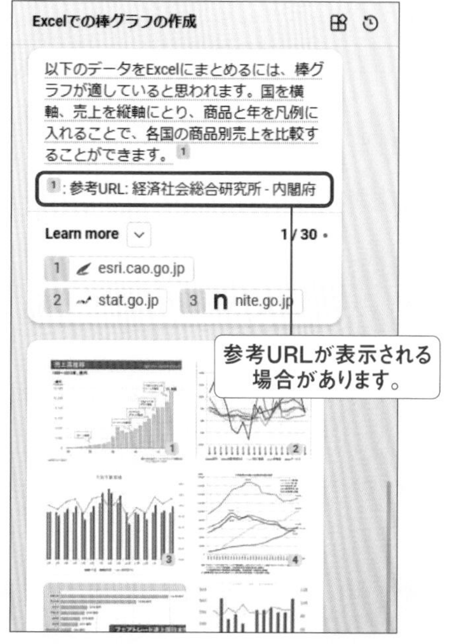

はみだし100% 作成した表データがタブで区切られていなかった場合は、「上記のデータをタブ区切りにして」と指示すると、タブで区切られたデータが表示されます。

表のダミーデータを作成してもらう

ダミーデータは、サンプル資料や参考例などを作成するときに必要です。以下のデータは、「個人情報ジェネレーター」というネットツールを使用して作成してくれました。

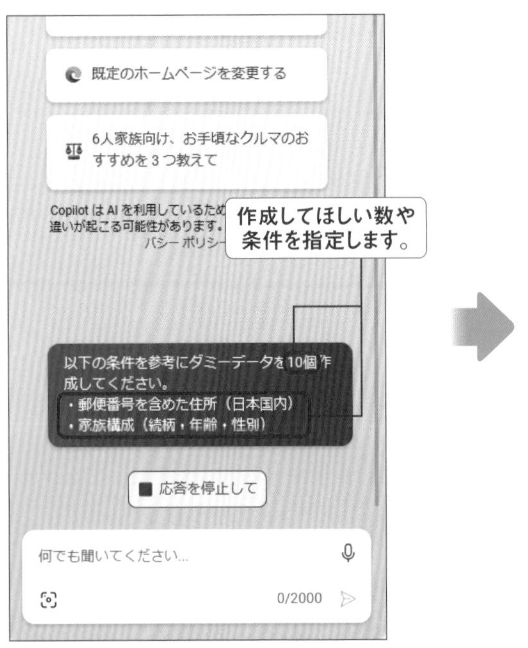

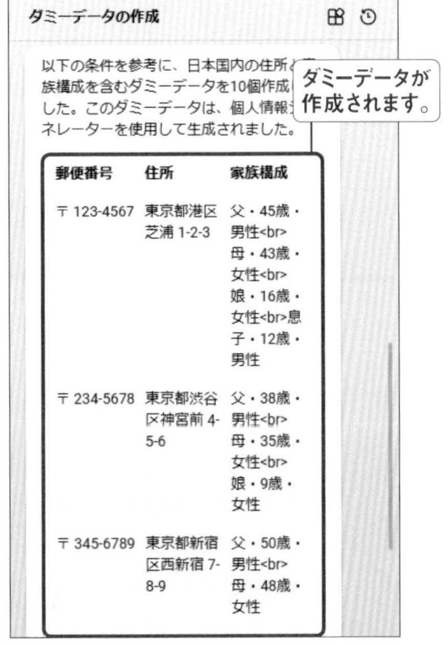

表のデータをカテゴリー分けする

作成したデータやダミーデータをカテゴリーごとに分類することができます。Copilotが表の内容を判断して、自動的に分類します。

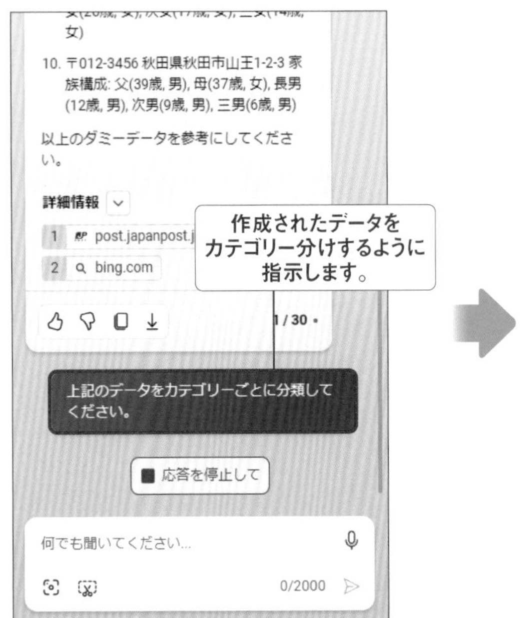

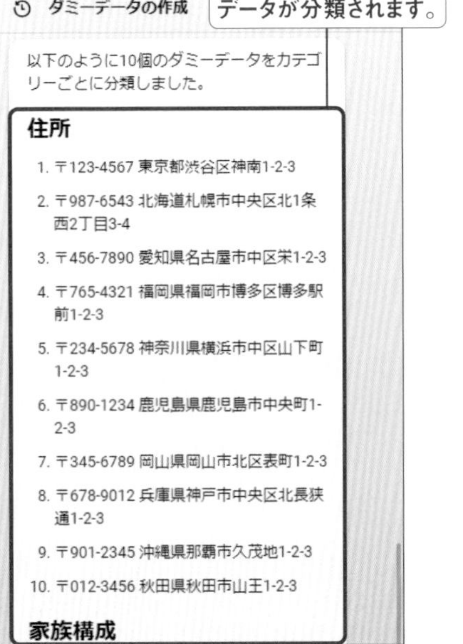

はみだし100% 「上記のデータを都道府県、市区町村、番地で分割して」のように指示すると、住所のデータを都道府県、市区町村、番地で分割して表にすることができます。

テキストデータを表データに整えてもらおう

テキストデータを表データに整えてもらう

手元にあるデータに統一性がなかったりうまくまとめられなかったりする場合は、Copilotに依頼して整理することができます。どのようにデータを整えてもらいたいのかを指定します。

指示

以下の内容を数学の点数が高い順に並べて表にしてください。タブ区切りでお願いします。

・佐々木さんは英語65点、数学40点
・佐藤さんは英語90点、数学60点
・神田さんは英語68点、数学40点
・藤波さんは英語70点、数学90点
・伊藤さんは英語75点、数学65点
・田沼さんは英語60点、数学60点
・城田さんは英語65点、数学100点
・田中さんは英語88点、数学70点
・吉田さんは英語95点、数学40点
・渡辺さんは英語92点、数学40点
・伊東さんは英語86点、数学70点

どのように整理してほしいのかを指定します。

データと、どのように整理してほしいのかを入力します。詳しい個人情報や機密データは入力しないようにしましょう。

回答

数学の点数が高い順に並べた表

以下の表は、タブ区切りで表示されます。

名前	英語の点数	数学の点数
城田さん	65	100
藤波さん	70	90
田中さん	88	70
伊東さん	86	70
伊藤さん	75	65
佐々木さん	65	40
神田さん	68	40
田沼さん	60	60
吉田さん	95	40
渡辺さん	92	40

点数が高い順にデータが整理されます。

整理されたデータが出力されるので、このままExcelに貼り付けて使用できます。並べ替えを指示すると、ところどころ順番が間違っている場合もあるので、確認が必要です。また、Excelに関しての質問をチャットでくり返すと、こちらから質問しなくてもExcelでの操作方法を提示してくれるようになります。

はみだし100% 依頼すれば入力された点数をもとにクラスの平均点や中央値なども求めてくれます。細かな計算が面倒なときは、計算機として利用してもよいでしょう。

Section 36

Excel関数を記述してもらおう

Excel関数の使い方を教えてもらう

Excelを活用するにあたって、関数の種類や使い方は知っておいたほうがよいです。使い方がわからない関数は、積極的に質問しましょう。

指示

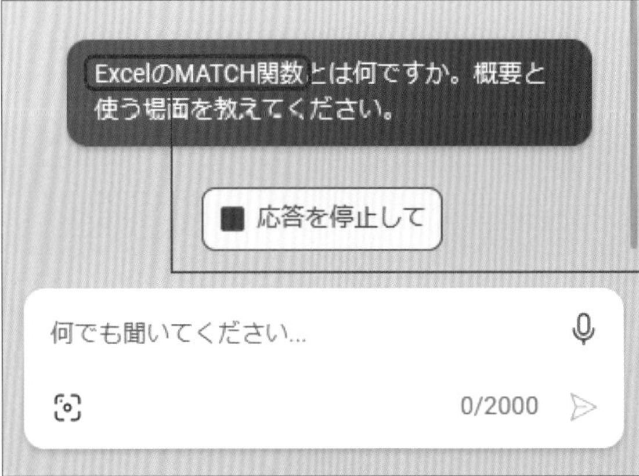

教えてもらいたい関数を指定します。概要や使用場面、例など聞きたいことを入力します。

回答

ExcelのMATCH関数

Excel MATCH関数 使い方 を検索しています

回答を生成しています...

ExcelのMATCH関数は、検索値が検索範囲の中で何番目のセルにあるかを求める関数です。検索値と検索範囲と照合の種類を引数として指定します。照合の種類には、完全一致や最大値や最小値などのオプションがあります。MATCH関数は、VLOOKUP関...

...す場合、MATCH関数を使ってその値が何行目にあるかを求めることができます。また、複数の条件を満たす行を抽出する場合にもMATCH関数を使うことができます。 2

以上のように、MATCH関数はExcelでデータを扱う上で非常に便利な関数の一つです。

概要と使う場面が出力されます。

どのような場面で使う関数なのか、何が求められるのか、などがわかります。

はみだし100%　上記のあとに「関数式の例を作成して」「使用するうえでの注意点を教えて」と入力して理解を深めたり、自分で関数式を書いてチェックしてもらったりして学ぶことができます（P.79参照）。

やりたいことをExcelの関数式で記述してもらう

Excelで作業しているときに、行いたいことがあるのに関数式がわからないことがあると思います。そのようなときは、Copilotに関数式を教えてもらうことができます。

指示

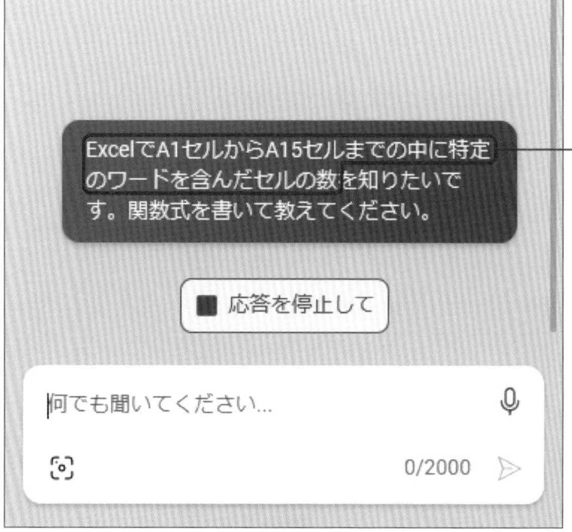

Excelの関数式で行いたい内容を具体的に指示すると、正確性が高くなります。

行いたい内容を指定します。

回答

Excel COUNTIF関数

こんにちは。ExcelでA1セルからA15セルまでの中に特定のワードを含んだセルの数を知りたい場合、COUNTIF関数を使用することができます。以下の関数式を使用してください。

```
=COUNTIF(A1:A15,"*特定のワード*")
```

この関数式では、A1からA15までの範囲内で、特定のワードを含むセルの数をカウントします。特定のワードの部分は、実際のワードに置き換えてください。

また、もしセルの範囲が変更された場合、関数式の範囲も変更する必要があります。例えば、A1からA20までの範囲をカウントする場合、以下のように関数式を変更してください。

```
=COUNTIF(A1:A20,"*特定のワード*")
```

以上、ご参考になれば幸いです。

Learn more　1 / 30

使用する関数のほか、作成された関数式、作成方法などが出力されます。このあとに「どのように応用できる？」「複数の条件を追加したい場合はどうするの」などと入力するとスムーズに回答されます。

指定した内容の関数式や、応用の方法などを教えてくれます。

はみだし100%　出力された関数は、をクリックしてコピーし、Excelの数式バーに直接ペーストすることで、かんたんに利用できます。

VLOOKUP関数の記述を手伝ってもらう

Excelで行いたい操作内容がある場合は、Copilotに手伝ってもらうことができます。ここでは、VLOOKUP関数の記述を手伝ってもらいます。

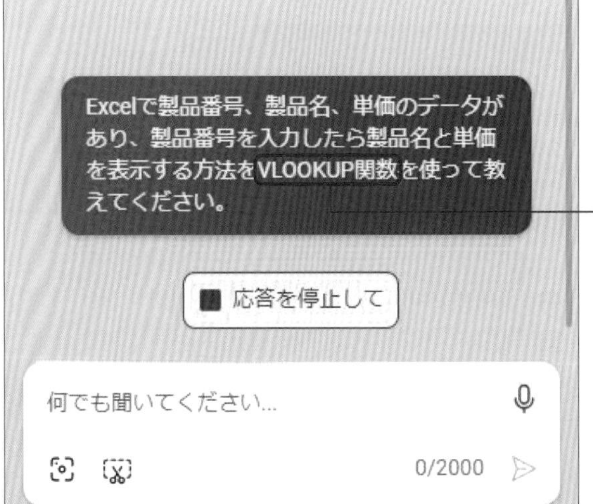

Excelの関数式で行いたい内容と書き出してほしい関数を具体的に指定します。

書き出してほしい関数を指定します。

回答

ExcelのVLOOKUP関数の使い方

ExcelのVLOOKUP関数を使うと、製品番号を入力するだけで、製品名と単価を表示することができます。以下の手順に従って操作してください。

1. 製品一覧表を作成します。製品番号は一番左の列に入力してください。
2. VLOOKUP関数を入力します。例えば、製品番号がA2に入力されている場合、製品名を表示するセルには以下のように入力します。

```
=VLOOKUP(A2, 製品一覧表の範囲, 2, FALSE)
```

3. 単価を表示するセルには以下のように入力します。

```
=VLOOKUP(A2, 製品一覧表の範囲, 3, FALSE)
```

4. 製品番号を入力すると、製品名と単価が自動的に表示されます。

操作方法がわかったら、実際にExcelを使用して手順に従って試してみましょう。

Excelでの操作手順が出力されます。

はみだし100%　Excelで行いたい操作内容が指定した関数で行えない場合は、使用できる別の関数とその手順が出力されます。

自分の書いた関数式を修正してもらう

自分の書いた関数式をチェックしてもらうことができます。誤りがある場合は、正しい関数式と関数式の内容、誤っている理由を教えてくれます。

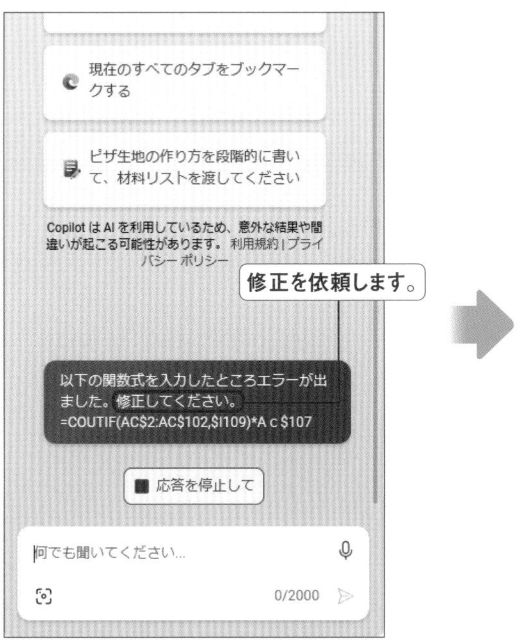

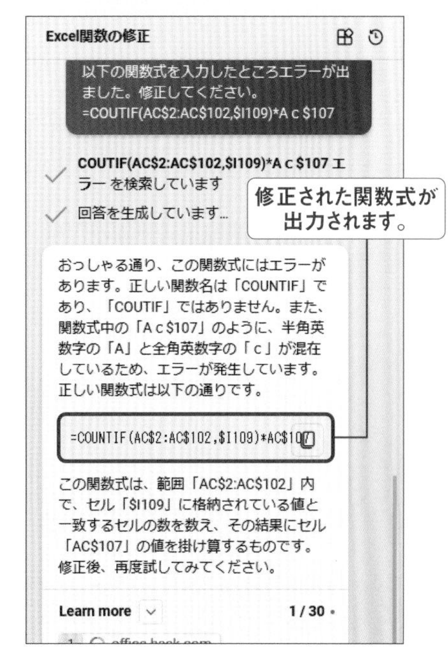

複雑な関数式を分析してもらう

複数の関数が組み合わされていると、構造やどのような操作を行う式なのかがわからない場合があります。そのようなときは、Copilotに分析してもらいましょう。

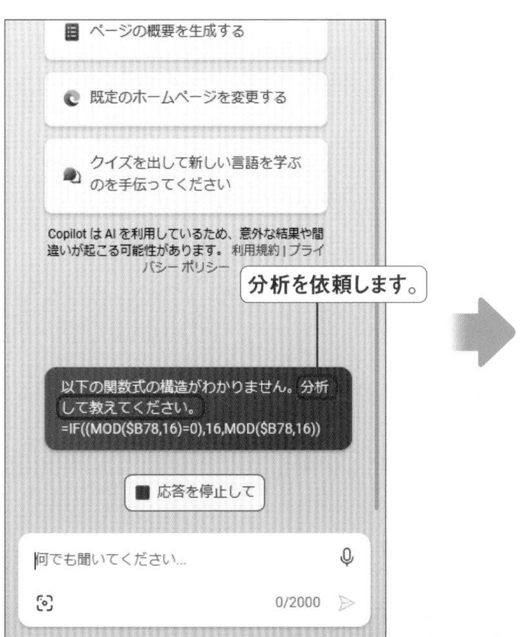

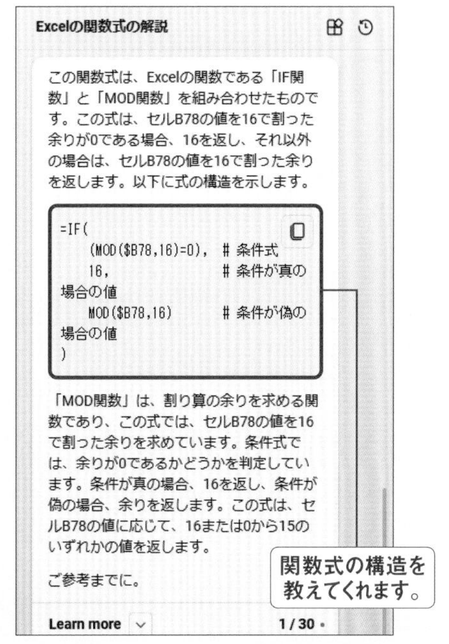

はみだし100% 解説や修正方法を聞いてもわからない場合は、「○○というのは○○ということ？」「もっとかんたんな式に修正して」などと質問して確認します。

Excel VBAを記述してもらおう

Excel VBAの使い方を教えてもらう

VBAは、「Visual Basic for Application」の略で、MicrosoftのOffice製品で使用される操作自動化のためのプログラミング言語です。VBAを使用することでExcelでの業務効率化が可能です。

指示

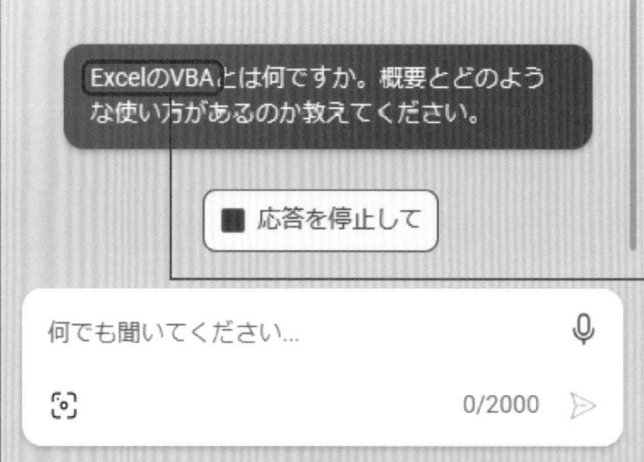

教えてほしい内容を指定します。

教えてもらいたい内容を指定します。概要やVBAを使ってできる操作、例など聞きたいことを入力します。

回答

Excel VBAの概要と使い方

VBAとは、Visual Basic for Applicationsの略で、Microsoft Office製品に標準搭載されているプログラミング言語です[1]。VBAを使うことで、Excelの操作を自動化することができます。例えば、Excelで繰り返し行う作業をVBAで自動化することで、作業時間を短縮することができます。

VBAは、Excelの「マクロ機能」の中身をプログラミング言語である「VBA」で記述することでエクセル操作を自動化します[1]

- VBAの制御構文
- VBAの関数
- VBAのオブジェクト
- VBAのイベント処理

Excel VBAの基礎から学ぶことができるサイトもありますので、参考にしてみてください[1]。

概要と使い方が出力されます。

VBAとは何か、Excelではどのような使い方があるのか、などがわかります。

はみだし100%　上記に続けて「実用的な例を出して」「向いていない作業は何があるの」「Excel VBAの入力方法を教えて」などと質問を重ねていって、理解を深めましょう。

やりたいことをExcel VBAで記述してもらう

Excel VBAで行いたいことがあるのに、どのようなコードを書いたらよいのかがわからないことがあると思います。そのようなときは、Copilotにコードを教えてもらうことができます。

指示

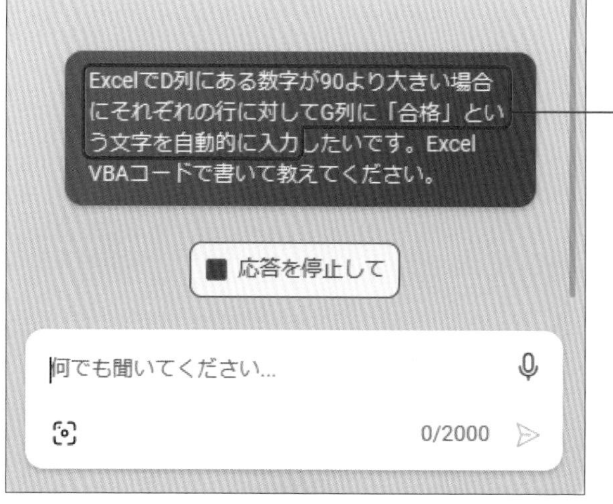

ExcelのVBAで行いたい内容を具体的に指定すると、コードの正確性が高くなります。

行いたい内容を指定します。

回答

Excel VBAコード：D列の数字が90より大きい場...

Excel VBAを使用して、D列にある数字が90より大きい場合にそれぞれの行に対してG列に「合格」という文字を自動的に入力する方法を以下に示します。

```
Sub CheckScores()
    Dim lastRow As Long
    Dim i As Long

    lastRow = Cells(Rows.Count,
"D").End(xlUp).Row
```

```
End Sub
```

このコードは、D列の最後の行を取得し、各行のD列の値が90より大きい場合に、その行のG列に「合格」という文字を自動的に入力します。

このコードを使用するには、Excelファイルを開き、Visual Basic Editorを開いて、新しいモジュールを作成し、上記のコードを貼り付け、実行する必要があります。

詳細については、こちらのサイトを参照してください。

指定した内容に作成されたコードのほか、Excelでの操作方法などが出力されます。参照先のサイトが載っている場合は、クリックしてサイトを起動しましょう。詳細を確認できます。

指定した内容のコードやExcelでの操作方法などを教えてくれます。

はみだし100% コードの目的や要望、条件などの詳細を入力することで、クオリティの高いコードが作成される可能性が高まります。なお、使用する場合は自己責任となるので、必ず内容を確認してください。

ユーザー定義関数をVBAで記述してもらう

ユーザー定義関数とは、Excelには通常入っていない関数で、利用者が自分で値を定義して登録できる関数のことです。

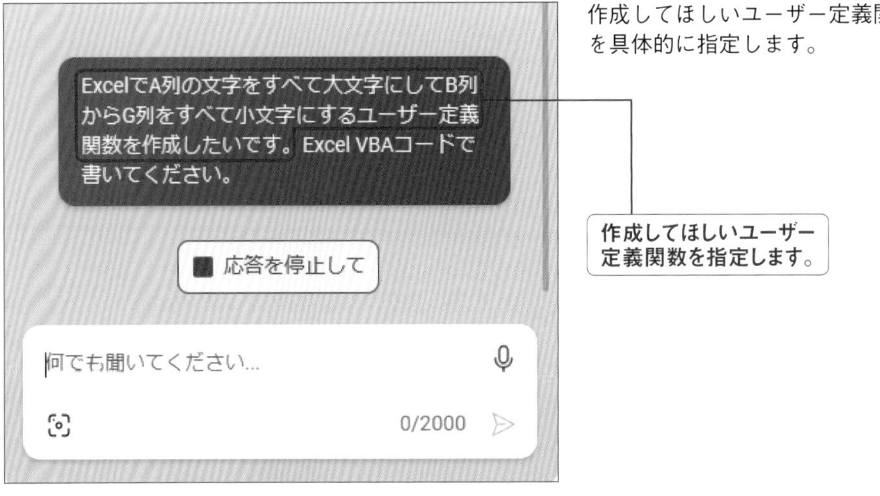

作成してほしいユーザー定義関数を具体的に指定します。

作成してほしいユーザー定義関数を指定します。

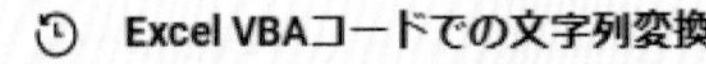

こんにちは。以下のExcel VBAコードは、A列の文字をすべて大文字にしてB列からG列をすべて小文字に変換するユーザー定義関数です。

```
Function UpperLower() As String
    Dim i As Integer
```

してください。

1. Excelファイルを開きます。
2. `Alt + F11` キーを押して、VBAエディタを開きます。
3. `Insert` > `Module` を選択します。
4. 上記のコードを貼り付けます。
5. `File` > `Save` を選択して、ファイルを保存します。
6. Excelファイルに戻り、関数を使用するセルに以下の式を入力します。

```
=UpperLower()
```

7. `Enter` キーを押して、関数を実行します。

Excelでの操作方法と指定した内容を実行できるコードが作成されます。実際にExcelを使用して手順に従って試してみましょう。

Excelでの操作手順が出力されます。

はみだし100% 出力されたコードは、🗍をクリックするとコピーできます。そのまま貼り付けて利用できるのでかんたんです。

自分の書いたVBAコードを修正してもらう

自分の書いたExcel VBAコードの内容をチェックしてもらうことができます。誤っている箇所と正しいコードの内容を教えてくれます。

指示

以下のExcel VBAコードを作成したところエラーが出ました。修正してください。

```
Sub ShowMessageBoxWithMistake()
  'セルA1の値を取得（ミス：変数の宣言と初期化が不足）
  Dim cellValue As String
```

```
    MsgBox "セルA1の値は 'Hello, Excel VBA!' です！", vbInformation, "メッセージ"
  Else
    'ミス：変数 cellValue は使用されていない
    MsgBox "セルA1の値は 'Hello, Excel VBA!' ではありません。", vbExclamation, "警告"
  End If
End Sub
```

使用する際にうまく作動しなかったりエラーが出てしまったりしたときは、「チェックして」「修正して」などと指示すれば内容を確認してもらえます。

修正を指示します。

回答

Excel VBAコードの修正

Excel VBAコードの修正についてお手伝いします。エラーが発生している箇所は、変数の宣言と初期化が不足していることです。以下の修正を加えてください。

```
Sub ShowMessageBox()
    ' セルA1の値を取得
    Dim cellValue As String
    cellValue = Range("A1").Value

    ' 条件をチェックしてメッセージボックスを表示
    If cellValue = "Hello, Excel VBA!" Then
        MsgBox "セルA1の値は 'Hello, Excel VBA!' です！", vbInformation, "メッセージ"
    Else
        MsgBox "セルA1の値は 'Hello, Excel VBA!' ではありません。", vbExclamation, "警告"
```

入力したコードの内容を確認して、誤っている箇所と正しいコードを教えてくれます。

正しいコードを教えてくれます。

はみだし100% 修正時に「どのようなエラーが出ましたか」と回答される場合があります。そのようなときは、エラーが出たときの状況やエラー内容を入力すると回答を得られます。

複雑なVBAコードを分析してもらう

手元にあるVBAコードの内容がよくわからない場合は、Copilotに分析してもらいましょう。

指示

以下のExcel VBAコードの構造がわかりません。分析して教えてください。

```
Sub ComplexExcelVBA()
   Dim mainSheet As Worksheet
   Dim dataSheet1 As Worksheet, dataSheet2
As Worksheet
   Dim combinedDataSheet As Worksheet
   Dim pivotTableSheet As Worksheet
```

```
   'データを結合して新しいシートにまとめる
   Set combinedDataSheet =
CombineDataSheets(dataSheet1,
dataSheet2, mainSheet)

   'ピボットテーブルを作成
   Set pivotTableSheet =
CreatePivotTable(combinedDataSheet)
```

分析してほしいコードを入力します。区切りのよいところで小分けにして入力する方法もあります。

分析を指示します。

回答

Excel VBAコードの構造

Excel VBAコードの構造についてですね。このコードは、ExcelのVBAで作成されたもので、複数のシートに分かれたデータを結合して、ピボットテーブルを作成し、最後にグラフを作成するものです。このコードは、以下のような構造になっています。

1. `Sub ComplexExcelVBA()`：メインのサブルーチンで、以下の処理を行います。
   1. `Dim` 文で、各種変数を宣言します。
   2. メインのワークシートを作成します。
   3. データの入った複数のシートを指定します。
   4. データを結合して新しいシートにまとめます。
   5. ピボットテーブルを作成します。
   6. グラフを作成します。
2. `Function CombineDataSheets(sheet1 As Worksheet, sheet2 As Worksheet, targetSheet As Worksheet) As`

Excelでどのような操作を実行するコードなのか、どのような構造なのか、といったことがわかります。

コードの構造や内容を教えてくれます。

はみだし100%　「短縮して書き直して」「○○を追加して書き直して」と入力すると、内容はそのままで新しいコードを作成してくれます。

Chapter 5

ビジネスや学習で活用しよう

アイデア出しを手伝ってもらおう

1人ブレストでアイデアを出し合う

企画などのアイデア出しには、ブレインストーミング（ブレスト）が有効ですが、Copilotに手伝ってもらうことで、1人でも行うことができます。

指示

図書館で小学生の利用者を増やす方法のアイデア出しをしたいです。一緒にブレインストーミングをしてください。

応答を停止して

何でも聞いてください...

0/2000

ブレインストーミングをすることを伝えて、テーマを与えます。

アイデアを出し合いたい題材を入力します。

回答

小学生の利用者を増やすためのアイデア

こんにちは。Bingです。小学生の利用者を増やすためのアイデアについてブレインストーミングをすることは素晴らしいアイデアですね。以下は、図書館で小学生の利用者を増やすためのアイデアのいくつかです。

1. **読み聞かせ会の開催**: 小学生に人気のある本を選んで、読み聞かせ会を開催することで、子供たちに読書の楽しさを伝えることができます。また、読み聞かせ会を通じて、子供たちが図書館に興味を持つきっかけにもなります。

ョンを高めることができます。

3. **読書カフェの開催**: 図書館内に読書カフェを設置することで、子供たちが図書館に滞在する時間を増やすことができ

アイデアが気に入った場合は、「1のアイデアについてもっと詳しく教えて」などと入力すると、さらに詳しい情報を教えてくれます。P.87～88を参考にいろいろと質問してみましょう。

アイデアに番号が振られています。

はみだし100%　アイデアの数は多いほうがよいです。Copilotに依頼すれば、より効率的に短時間で多数の企画のアイデアを出力してもらうことができます。

企画のアイデアをたくさん考えてもらう

気になるアイデアがある場合は、「どうしてそのアイデアを出したの？」「どんな勝算があるの？」などと質問すれば、Copilotが回答を導き出した背景を知ることができます。

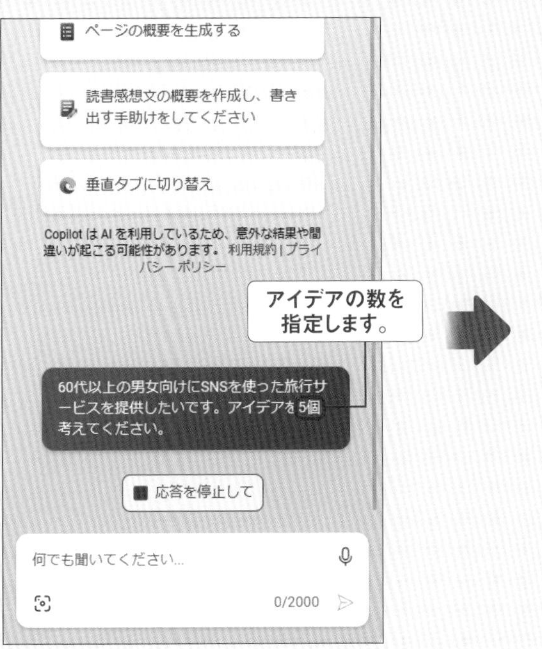

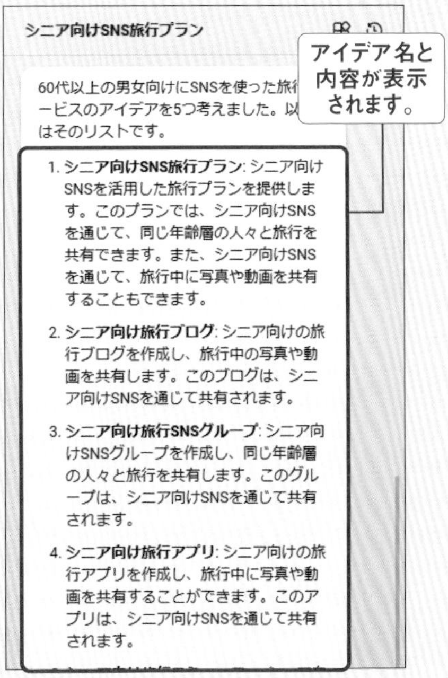

シニア向けSNS旅行プラン

アイデア名と内容が表示されます。

60代以上の男女向けにSNSを使った旅行サービスのアイデアを5つ考えました。以下はそのリストです。

1. **シニア向けSNS旅行プラン**: シニア向けSNSを活用した旅行プランを提供します。このプランでは、シニア向けSNSを通じて、同じ年齢層の人々と旅行を共有できます。また、シニア向けSNSを通じて、旅行中に写真や動画を共有することもできます。
2. **シニア向け旅行ブログ**: シニア向けの旅行ブログを作成し、旅行中の写真や動画を共有します。このブログは、シニア向けSNSを通じて共有されます。
3. **シニア向け旅行SNSグループ**: シニア向けSNSグループを作成し、同じ年齢層の人々と旅行を共有します。このグループは、シニア向けSNSを通じて共有されます。
4. **シニア向け旅行アプリ**: シニア向けの旅行アプリを作成し、旅行中に写真や動画を共有することができます。このアプリは、シニア向けSNSを通じて共有されます。

アイデアのメリットやデメリットを提示してもらう

企画案がある場合は、メリット・デメリットをそれぞれ出してもらいましょう。デメリットは、どのように改善すればよいか教えてもらうこともできます（P.88参照）。

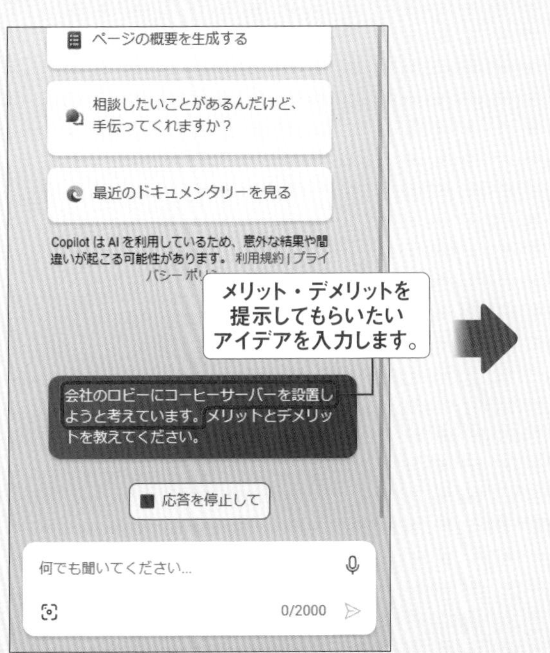

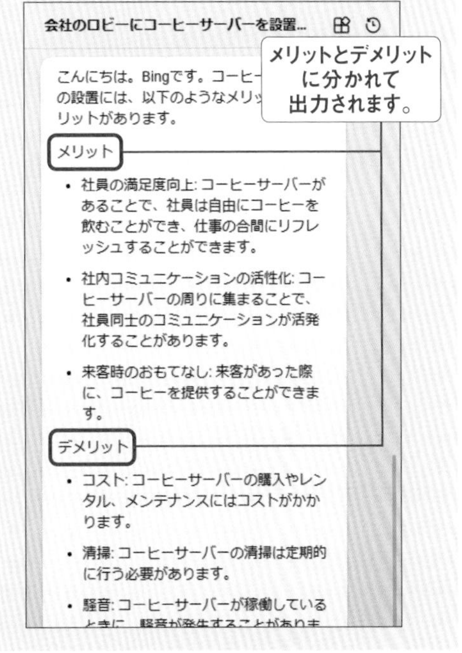

はみだし100%　企画が決まったら、「企画書を作成して」と指示することで企画書を作成してもらうことができます。また、テンプレートの例やフォーマットを出力してもらうことも可能です。

アイデアの改善点を考えてもらう

企画に懸念点がある場合は、どのように修正したらよいか助言を求めれば、案を提示してくれます。より効果的な案やかんたんにできる案などを聞いて深掘りできます。

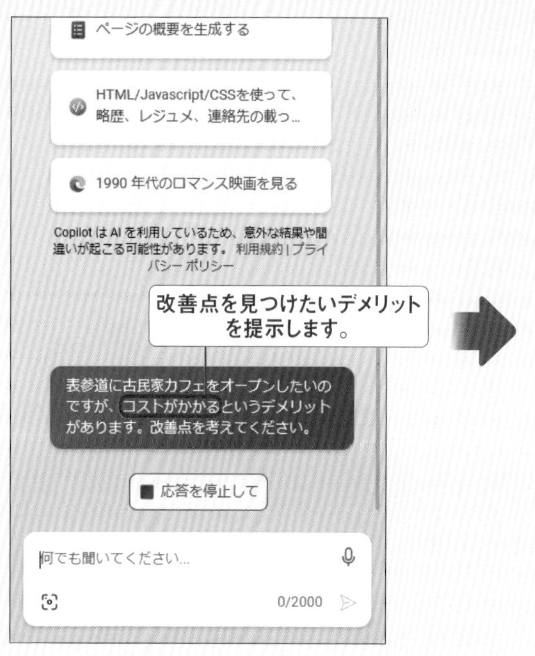

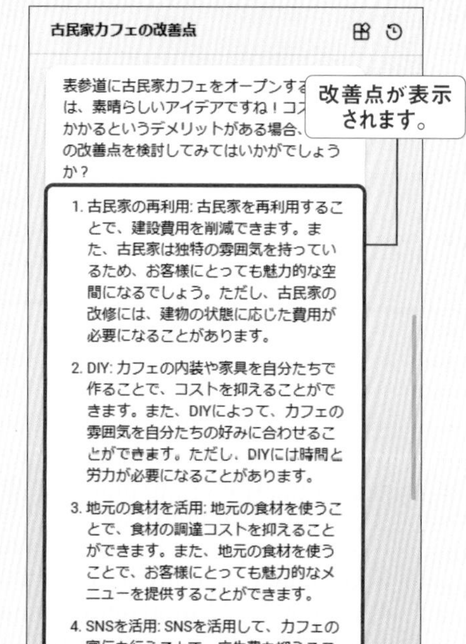

ビジネスフレームワークを使って考えてもらう

ビジネスフレームワークとは、アイデア発想ツールとも呼ばれ、ビジネスにおいて何らかの課題解決をするときに用いられるツールです。「PEST分析」のほかにも「5W1H」「MECE」「形態分析法」などがあります。

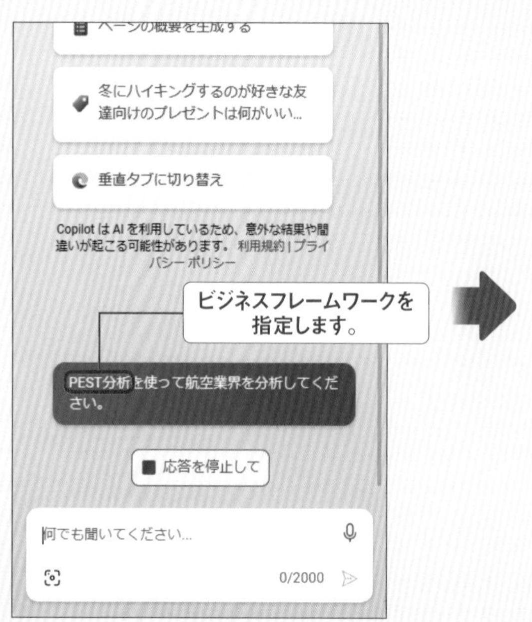

航空業界のPEST分析を行います。PEST分析は、外部環境に関する洞察を提供するフレームワーク... (Economic)、... (Technologic... 的(Legal)の6... に、航空業界におけるPEST分析の結果を示します。

ビジネスフレームワーク（ここではPEST分析）を用いた分析結果が出力されます。

- 政治(Political): 航空業界は、政治的な不安定性や規制の影響を受けやすい業界です。政治的な不安定性は、航空会社の運航に影響を与える可能性があります。また、政府の規制により、航空会社は多くの場合、高いコストを負担する必要があります。
- 経済(Economic): 航空業界は、原油価格の変動や景気後退の影響を受けやすい業界です。また、競合他社の増加により、価格競争が激化することがあります。
- 社会(Social): 航空業界は、社会的な変化にも影響を受けます。例えば、消費者の旅行スタイルの変化や、環境問題に対する意識の高まりなどが挙げられます。

はみだし100% P.88の下部で「〇〇には、どのビジネスフレームワークがよいの？」と入力すると、それぞれの課題に合ったビジネスフレームワークを教えてもらえます。

仕事のリサーチと分析をしてもらおう

リサーチと分析を依頼する

新サービスや新商品などの開発においては、消費者のニーズや世間一般の傾向などを知ることは不可欠です。市場調査をやデータ分析なども、Copilotに任せることができます。

指示

60代以上の男女が使用しているサブスクリプションには、どのような特徴がありますか。

応答を停止して

何でも聞いてください...

0/2000

調べてほしい内容を入力します。どこに需要があるのか、どのようなペルソナなのかなどを分析できます。

リサーチしたい内容を指定します。

回答

サブスクリプションに関する60代以上男...

60代以上の男女が使用しているサブスクリプションには、以下のような特徴があります[1][2]:

- 健康や交際に関するものに興味を持つ傾向がある。
- 新商品に対する関心度が高い。
- 男女ともに利用したいサブスクリプションサービスは、「ホテルに泊まり放題」、「コーヒー飲み放題」が上位。

1: 「今どきシニア」の消費傾向と情報収集の特徴 - 株式会社 ソーシャルサービス
2: サブスクリプションに関する調査（2021年）| リサーチ・市場調査会社 | 株式会社クロス・マーケティング

需要やターゲット層などを把握するのに役立ちます。

クリックするとリンク先のWebサイトが表示されます。

はみだし100%　「年齢別にリスト化して」「分析結果を要約して」などと入力して、具体的な例や理由を聞いて背景を調べることもできます。

製品名やサービス名を考えてもらおう

製品名やサービス名を考えてもらう

製品やサービスの情報を入力するだけで、内容を加味した名称を考えてくれます。回答をアレンジしたり肉付けしたりしてオリジナルの名前を付けることができます。

指示

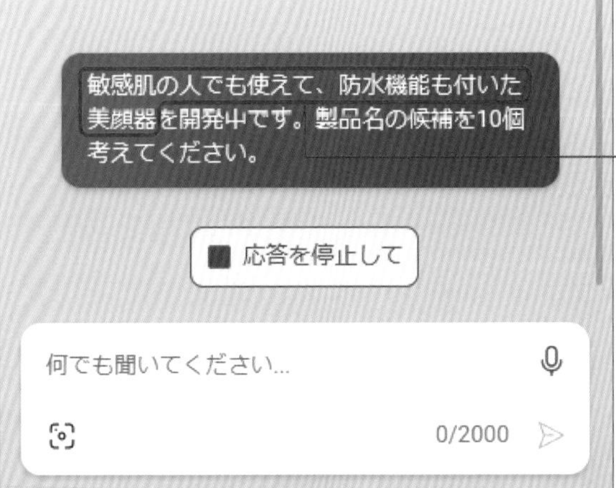

どのような製品かわかるように概要や特徴を入力します。

製品の概要を入力します。

回答

美顔器の製品名候補

回答を生成しています...

敏感肌の方でも使用できる美顔器を開発中とのことで、おめでとうございます！以下は、製品名の候補として考えられる10個の名前です。どうぞご参考にしてください。

1. ミストフェイス
2. アクアビューティー
3. センシティブケア
4. ウォータープルーフビューティー
9. ウォータープルーフシールド
10. ハイドレイティングシールド

どうでしょうか？お気に召される名前があれば幸いです。

「○○というワードを入れて」「○○文字以内で」というように指定して、回答範囲を絞ることもできます。

製品名の候補が箇条書きで出力されます。

はみだし100%　一度の質問で回答を出力してもらうよりも、段階を踏んで質問すると不自然な回答が出力される可能性を下げられます。

キャッチコピーを考えてもらおう

キャッチコピーを考えてもらう

キャッチコピーは、対象の商品やサービスを魅力的に見せて、消費者に興味を抱かせるという重要な役割があります。商品の概要を説明して、ぴったりのフレーズを考えてもらいましょう。

指示

商品の概要やイメージなどを指定してどのようなキャッチコピーを考えてほしいかを入力します。

条件を指定します。

回答

キャッチコピー

・特徴：希少な茶葉を使用・栄養豊富
・イメージ：高級感・特別感

緑茶飲料のキャッチコピーを5つ考えました。どうぞご覧ください。

1. 「希少な茶葉の贅沢な味わい」
2. 「特別な日にふさわしい、高級感あふれる味わい」
3. 「健康と美味しさを兼ね備えた、贅沢な一杯」
4. 「希少な茶葉から生まれる、上質な味わい」
5. 「特別な時間を彩る、贅沢な緑茶の味わい」

ターゲット層や、キーワード、希望する印象などといった情報を追加していくと、よりイメージに近いキャッチコピーが出力されます。

指示に沿ったキャッチコピーが出力されます。

はみだし100%　上記に続けて「キャッチコピーをもう少し短くして」「2のキャッチコピーに○○を追加して」などと指定してもよいです。

プログラミングでの活用に役立てよう

かんたんなプログラムを作ってもらう

プログラミング言語や内容などを指定して、かんたんなプログラムを作成してもらうこともできます。「PHP」「Python」「Ruby」「C++」などのプログラミング言語を扱えます。

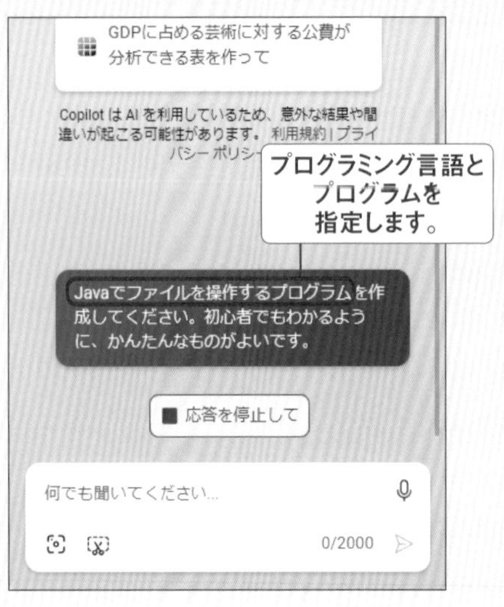

プログラミングの問題を出題してもらう

出力されたプログラムはコピーして任意の場所に貼り付けることができます。おすすめの学習サイトや参考書なども聞いて学習に役立てましょう。

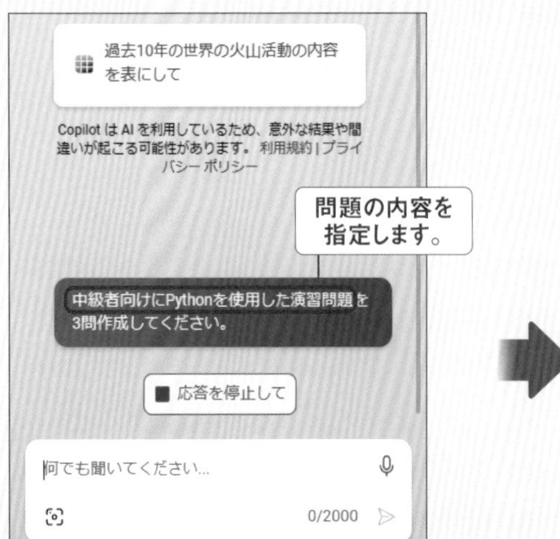

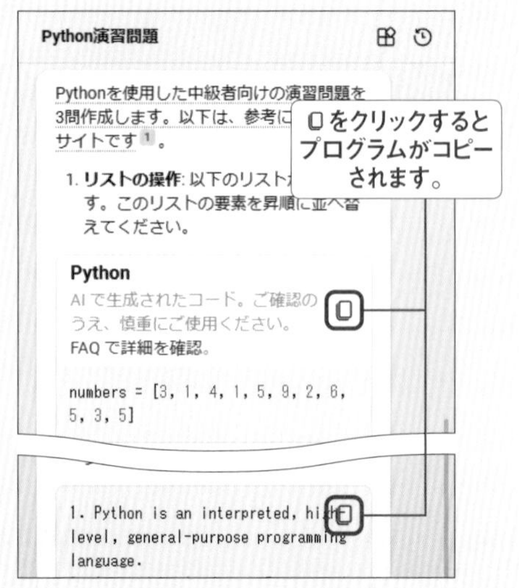

はみだし100%　出力されたプログラムは、正確性と信憑性に欠く場合があります。使用する場合は自己責任となるので、必ず内容を再確認してください。

英語の学習に役立てよう

チャットで英会話の相手になってもらう

通常、英会話には相手が必要ですが、Copilotに英会話レッスンの相手になってもらうこともできます。「ショッピング」「空港」などと実際のシミュレーション設定が可能です。

指示

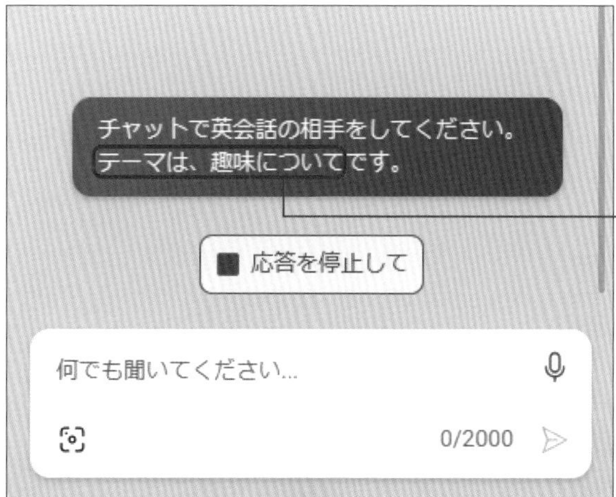

会話の相手をしてほしいことを伝えます。日本語以外の言語で入力しても、こちらの言語に合わせて返答してくれます。

回答

早速会話をはじめましょう。単語がわからなかったり文法がわからなかったりした場合は、日本語で入力すれば、日本語で返答してもらえます。

はみだし100% 英語による音声入力を行う場合は、「設定」アプリで［時刻と言語］→［言語と地域］の順にクリックし、「英語（米国）」の…→［言語のオプション］→「基本的な音声認識」の［ダウンロード］の順にクリックします。

試験勉強に役立てよう

試験の問題を出題してもらう

Copilotは、学校での試験勉強や資格の勉強にも活用できます。問題を作成してもらうほか、解説してもらうことも可能です。

指示

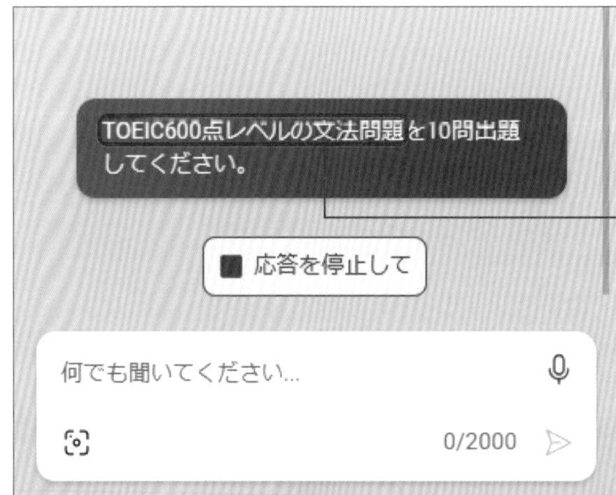

どのような問題を出題してほしいのか、具体的に入力します。

回答

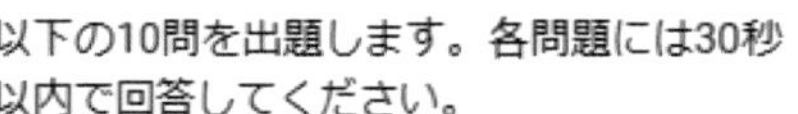

各問題に回答していくと、正誤判定をしてもらえます。わからない問題は、「答えを教えて」「解説して」などと入力すると教えてくれるので、理解が深まります。

はみだし100%　Copilotでは、読解力や細かな内容把握力などは不足しているため、答えが決まっている分野や、一問一答形式での問題が得意です。

面接の練習相手になってもらおう

チャットで面接の練習相手になってもらう

相手がいないと成り立たない面接練習も、Copilotに依頼することができます。職種や業界などを指定して、質問してもらいましょう。

指示

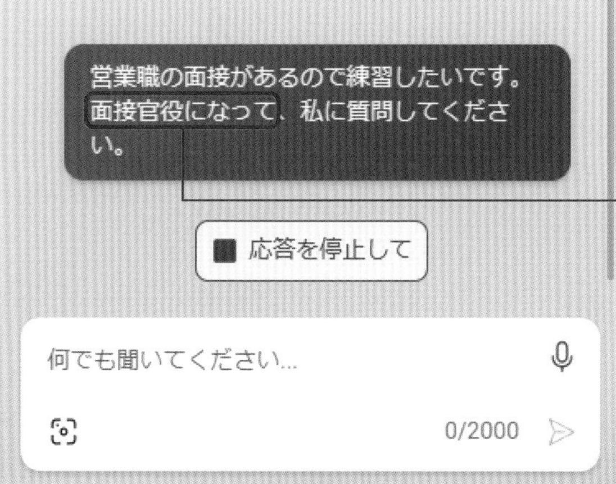

面接の練習をしたいことを伝えて、シチュエーションを指定します。

役割を与えます。

回答

営業職面接の質問

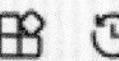

もちろん、営業職の面接の練習をお手伝いします。では、面接官役として、いくつか質問させていただきますね。

1. **自己紹介**：まず、自己紹介をお願いします。お名前やバックグラウンド、なぜ営業職に興味を持ったのか、教えて

3. **チームワーク**：営業はチームでの協力が不可欠です。チームでの経験や協力した際のエピソードを教えてください。

4. **目標設定**：営業職において、どのような目標を設定していますか？短期的な目標と長期的な目標を教えてください。

質問に答えると、実際の面接のように返答してもらえます。どのように答えるべきかわからなかったり、回答例がほしかったりする場合は、入力してアドバイスをもらいましょう。もちろん、受け答えのフィードバックをもらうこともできます。

質問が出力されます。

はみだし100% 質問に答えるときは、テキストを入力すると時間がかかるので、音声入力（P.17参照）すると、スムーズです。早口だったり間が空いたりしてしまうと、正常に入力されない場合があります。

お問い合わせについて

本書に関するご質問については、本書に記載されている内容に関するもののみとさせていただきます。本書の内容と関係のないご質問につきましては、一切お答えできませんので、あらかじめご了承ください。また、電話でのご質問は受け付けておりませんので、必ずFAXか書面にて下記までお送りください。
なお、ご質問の際には、必ず以下の項目を明記していただきますようお願いいたします。

1 お名前
2 返信先の住所またはFAX番号
3 書名
「Copilot in Windows　無料で使えるAIアシスタント　100%活用ガイド」
4 本書の該当ページ
5 ご使用のOSバージョン
6 ご質問内容

なお、お送りいただいたご質問には、できる限り迅速にお答えできるよう努力いたしておりますが、場合によってはお答えするまでに時間がかかることがあります。また、回答の期日をご指定なさっても、ご希望にお応えできるとは限りません。あらかじめご了承くださいますよう、お願いいたします。ご質問の際に記載いただきました個人情報は、回答後速やかに破棄させていただきます。

■ お問い合わせの例

FAX

1 お名前
技術　太郎
2 返信先の住所またはFAX番号
03-XXXX-XXXX
3 書名
Copilot in Windows
無料で使えるAIアシスタント
100%活用ガイド
4 本書の該当ページ
44ページ
5 ご使用のOSバージョン
Windows 11
6 ご質問内容
手順3の画面が表示されない

お問い合わせ先

〒162-0846　東京都新宿区市谷左内町21-13
株式会社技術評論社　書籍編集部
「Copilot in Windows　無料で使えるAIアシスタント　100%活用ガイド」質問係
FAX番号：03-3513-6167／URL：https://book.gihyo.jp/116

Copilot in Windows 無料で使えるAIアシスタント　100%活用ガイド

2024年2月16日　初版　第1刷発行
2024年4月16日　初版　第2刷発行

著者……リンクアップ
発行者……片岡　巌
発行所……株式会社技術評論社
東京都新宿区市谷左内町21-13
電話……03-3513-6150　販売促進部
03-3513-6160　書籍編集部
編集……リンクアップ
装丁……リンクアップ
本文デザイン・DTP……リンクアップ
担当……田中　秀春
製本／印刷……図書印刷株式会社

定価はカバーに表示してあります。

ISBN978-4-297-13983-4 C3055
Printed in Japan